重庆市职业教育学会规划教材／职业教育传媒艺术类专业新形态教材

设计学类专业导论

SHEJIXUELEI ZHUANYE DAOLUN

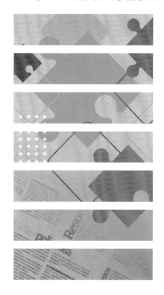

主　编　何　明

副主编　戴　禹　唐春妮　杨晓棠

重庆大学出版社

图书在版编目（CIP）数据

设计学类专业导论 / 何明主编. --重庆：重庆大学出版社，2024.1
职业教育传媒艺术类专业新形态教材
ISBN 978-7-5689-4153-2

Ⅰ.①设… Ⅱ.①何… Ⅲ.①设计学—职业教育—教材 Ⅳ①TB21

中国国家版本馆CIP数据核字（2023）第169599号

职业教育传媒艺术类专业新形态教材

设计学类专业导论
SHEJIXUELEI ZHUANYE DAOLUN

主　　编：何　明

副主编：戴　禹　唐春妮　杨晓棠

策划编辑：席远航　蹇　佳　周　晓

责任编辑：席远航　　装帧设计：品木文化

责任校对：关德强　　责任印制：赵　晟

重庆大学出版社出版发行

出版人：陈晓阳

社　　址：重庆市沙坪坝区大学城西路21号

邮　　编：401331

电　　话：（023）88617190　88617185（中小学）

传　　真：（023）88617186　88617166

网　　址：http://www.cqup.com.cn

邮　　箱：fxk@cqup.com.cn（营销中心）

全国新华书店经销

印刷：重庆长虹印务有限公司

开本：787mm×1092mm　1/16　印张：6　字数：120千
2024年1月第1版　　2024年1月第1次印刷
印数：1-3000
ISBN 978-7-5689-4153-2　定价：29.00元

前　言
FOREWORD

　　本教材是为适应职业教育专业发展趋势而打造的一门专业基础共享课——《设计学类专业导论》的配套教材。它为初接触设计专业的学生描绘了一个清晰的、富有吸引力的专业学习指南。旨在为专业和非专业的大学生及社会公众提供快速了解设计类及数字创意设计各专业特性的通道，为他们的学习和工作提供指引与帮助。

　　1.读者对象

　　广告艺术设计、数字媒体艺术设计、工业设计、室内艺术设计和环境艺术设计等设计专业初学者及设计业余爱好者。

　　2.主要内容

　　本书重点关注数字创意产业链中的数字文创设计、数字创意技术、网络直播、5G短视频、人居环境设计五大重点业态，在数字人工智能时代、乡村振兴战略发展背景下，围绕数字创意设计三大职业岗位群（传媒设计、工业设计和空间艺术设计），为国家培养服务社会的高级设计人才。数字创意产业已经广泛涉及人类生活的各个领域，它是以数字创意技术和创新设计为基础，将数字技术与设计创意充分结合，不断向电商、社交媒体、教育、旅游、农业等领域渗透，对人们的生活产生深远影响的产业链。

　　3.定位特色

　　本教材是组成学生专业知识链的重要一环，服务于数字创意产业设计专业的人才培养，以学生学习兴趣为导向，讲解数字创意设计与技术进步、数字创意设计知识结构、学习方法、开展第二课堂、设计学科学生的职业发展几个模块内容。让学生对所学专业的现状及发展有一个全面的认识和了解，让学生树立起正确的认知，引导学生明确个人未来发展方向与所肩负的社会责任，为大学生及社会公众提供快速了解数字创意产业三大职业岗位群的通道。

4.教学目标

基于专业群建设带动各专业的发展，本教材将教学目标从知识目标、能力目标、素质目标和育人目标四个维度进行分类梳理。

①知识目标。要求学生了解大学的意义、了解服务数字创意产业的专业群人才培养目标、专业内涵、知识结构，掌握设计规律与学习方法，了解第二课堂的开设情况，了解设计学科学生的职业发展。

②能力目标。要求学生全面了解数字创意产业和数字创意设计，掌握专业的学习方法，能把专业知识与方法运用于数字创意设计中的相关领域。

③素质目标。通过问题讨论，提升学生解决问题、自主学习的能力；通过分组学习方式，培养学生的沟通交流、团结协作的能力；通过设置问题情境，提高学生分析问题与解决问题的能力；通过对专业知识、专业价值、专业职业道德、人格素养教育、人生态度教育、习惯养成教育等的讲解，建立良好的班风、学风，增强学生专业兴趣，激发学生内在的自觉，主动寻求学习资源，认识自我、探索属于自己的成长道路。

④育人目标。坚定学生理想信念，坚持德、智、体、美、劳全面发展，培养具有一定的科学文化水平、良好的人文素养、职业道德和创新意识、精益求精的工匠精神和信息素养的新时代大学生。通过学习增强文化自信和专业自信，为后面的学习奠定基础。

5.教学路径

通过开展主题活动、结合第二课堂、案例分析，从职场需要的设计理念、技能、流程与方法、专业前景及价值等方面对学生进行培养，将劳动教育、工匠精神、职业道德教育、人格素养教育、人生态度教育、习惯养成教育、社会责任意识、创新意识等"课程思政"元素贯穿始终，激发学生完善自我，规划个人未来发展方向并担负起社会责任。

目 录
CONTENTS

民族一代接着一代追求美好崇高的道德境界，我们的民族就永远充满希望。"

"人无德不立，品德是为人之本。止于至善，是中华民族始终不变的人格追求。我们要建设的社会主义现代化强国，不仅要在物质上强，更要在精神上强。精神上强，才是更持久、更深沉、更有力量的"，这是 2019 年 4 月 30 日，习近平总书记在纪念五四运动 100 周年大会上的讲话。

具有良好品德是一个人成功的基础。古人也说："德者，才之帅也。"人的所有能力与才华要被德行所领导、所统帅，否则有才无德就是祸害。那些越是成就大事的人，越是能坚持这些真理，注重品德修养，而这也越能促进他们的人生走向成功。古今中外真正有所作为的人，无不是品德高尚的人。

马克思在他的中学毕业作文《青年在选择职业时的考虑》中写道："如果我们选择了最能为人类福利而劳动的职业，那么，重担就不能把我们压倒，因为这是为大家而献身；那时我们所感到的就不是可怜的、有限的、自私的乐趣，我们的幸福将属于千万人，我们的事业将默默地、但是永恒作用地存在下去，面对我们的骨灰，高尚的人们将洒下热泪。"这是多么伟大而崇高的道德理想！

一个人如果具备良好的品德，他会对家庭、他人、国家和社会充满纯洁美好和博大的爱。这样的人拥有崇高而远大的理想，从而为他的学习、工作和生活提供强大的动力。具备良好品德的人拥有坦荡的胸怀、高远的眼光和为人处世的大格局，容易得到别人的认同，从而更容易获得对自己人生规划与职业发展的支持和帮助。《大学》云："是故君子先慎乎德。有德此有人，有人此有土，有土此有财，有财此有用。德者，本也；财者，末也。"德行犹如树根，财货犹如树的枝叶，树根长得不好，枝叶是不会茂盛的。

2021 年 4 月 19 日，习近平总书记在清华大学考察时指出，广大青年要"锤炼品德，自觉树立和践行社会主义核心价值观，自觉用中华优秀传统文化、革命文化、社会主义先进文化培根铸魂、启智润心，加强道德修养，明辨是非曲直，增强自我定力，矢志追求更有高度、更有境界、更有品位的人生。"党的十八大提出社会主义核心价值观的基本内容：富强、民主、文明、和谐是国家层面的价值目标，自由、平等、公正、法治是社会层面的价值取向，爱国、敬业、诚信、友善是公民个人层面的价值准则。我们倡导的社会主义核心价值观，是实现中国梦的强大精神力量，体现了古圣先贤的思想，体现了仁人志士的夙愿，体现了革命先烈的理想，也寄托着各族人民对美好生活的向往。这二十四个字全面地阐述了从个人到社会再到国家的价值目标，是我们生活工作学习的价值准则。

1.4　设计与设计观

　　从广义上讲，设计是一个宽泛的概念，它的种类相当多，在许多领域都有应用，涉及面较广。产品设计、工业设计、城市规划、建筑设计等都属于设计范畴。包豪斯现代设计大师荷里纳基曾指出："设计并不是对制品表面的装饰，而是以某一目的为基础，将社会的、人类的、经济的、技术的、艺术的、心理的多种因素综合起来，使其能纳入工业生产的轨道，对制品的这种构思和计划技术即设计。"可见设计不局限于对物象外形的美化，而是有明确的功能目的，设计的过程正是把这种功能目的转化到具体对象上去。因此可以把设计理解为设计师有目标、有计划地进行技术性的创作与创意的活动。因此，完成一件作品的全过程本身就是一种设计行为。

　　随着现代设计概念的边界不断拓展，设计一词伴随着经济、社会、行业发展呈现多重含义，已成为一个系统的跨学科、跨领域、跨组织的大概念范畴。那么如何让自己的设计产生价值呢？最核心一点便是要培养设计思维。设计思维是综合运用思维的逻辑与思辨性、创新与颠覆性、科学与系统性展开有意识、有目的、有计划的设计活动的思维形式，旨在激发设计者以人为本展开多维度思考，发现问题，从而运用设计能力与知识储备解决种种复杂问题与状况。"设计思维是被作为价值体系植根于教育中的。"好的设计都是源于生活的实践，我们要有一双慧眼，要善于发现和接受新的事物，并逐渐把它们变为自己的内部信息，不断地积累和更新记忆信息。这样我们才能逐渐增加经验和见识，才会具有卓越的发现能力，才会在设计的过程中对灵感的获得得心应手。设计思维的形成并不是纸上谈兵，它需要长期的积累。

　　在培养设计思维的同时，我们还要树立正确的设计观。设计观的表达其实从古代就已经存在了。在古代的设计中，设计主要服务对象是皇帝、君王等统治阶层。宗法礼制在古代社会结构中起着极为重要的作用，古代的设计观可以说是政治和阶级形式的体现，也是君主维护自身权力的一种工具。因此古代设计观的表达充满了浓郁的礼制文化色彩。如在中国传统服饰中，只有体现了等级秩序的服饰才被认可，才被认为是美的。早在周代时，就制定了非常详细严格的冠服制度，规定了不同场合下，不同等级的人的服饰规则，其中包括了颜色、皮质等各种细节。比如皇帝可以穿白狐裘，而诸王侯等则只能穿青色或者黄色狐裘衣服，而到了普通老百姓只能穿羊皮或者犬皮。这种规则又被后续朝代传承和发展，但其中蕴藏的等级的本质内涵始终没有改变。由此可见，古代设计中等级设计观是非常深厚和严格的，这也是一种时代特征的反映。

　　古代的设计观中也有一些优秀的内容对现代设计观产生了深远的影响。比如注重自然法则，推崇人是大自然的一部分，遵循"天人合一"的生态设计思想等。在传统设计中，设计不仅要满足功能性要求，还需要有情感和人文精神融入。在物品与使用者之间建立一种微妙的联系，从而满足人高层次的审美感受。比如长沙马王堆出土的一件素纱禅衣使用了天然蚕丝，重量仅有一两，不仅美观，而且还充分考虑了用户的体验感觉，这也反映了古代设计充分认识到了用户体验的重要性，这对现代数字时代的设计也有重要的借鉴作用。我们要建立以人为本的设计观，坚持以用户为中心的服务设计理念。再如可持续发展理念。可持续发展是有益于全人类的设计理念，也是数字时代设计理念所追求的目标。其中包括设计应该遵从一视同仁和平等原则，无障碍和包容性的设计原则，以及环保和绿色的设计原则等。

设计观是一种整体化和系统化的服务理念。这种整体化服务设计把设计目标、原则和方法，以及商业策略、技术创新等结合到了一起，以用户体验为导向设计了一种产品的生态系统。各行各业在数字信息时代都努力提供系统服务，这也是数字时代设计观发展的趋势之一。数字传播时代对设计观产生了较大的影响，中国有着世界上最大的移动社交群体。人工智能技术的发展使得设计观念也随之发生了改变，新技术的发展给社会带来全新的、革命性的消费改变。是被动地困于信息茧房？还是主动寻求突破？这是我们当代设计师需要不断去挑战和思考的问题。作为设计师，理应将用户体验和用户满意放到设计原则的重要位置。已经出现了众多的新媒体艺术装置类作品设计，把观众作为作品的一部分，这是作品设计思路的重大革新。意味着以前单向的设计思路，渐渐转变为双向互动的设计理念，观众不再是被动的看客或接受者，而是变成了作品设计的一个不可或缺的部分。

设计需要遵循一定的规则和规范，努力去协调人与社会、人与自然的和谐共生关系，我国古代思想中的"中庸"思想讲求一种不偏不倚和恰当适中的天人合一观念。中国式设计表达最显著的特质就是追求设计的平衡与和谐关系。有一种观点认为，三流设计师注重设计表达技巧，二流设计师注重合作完成完整的设计方案并推行，而一流设计师注重输出个人独特的价值观。不难看出，这形象地道出了设计观的三个层次。随着我国经济的日益强大，设计师人才辈出，中国的设计文化已成为世界文化舞台上不容忽视的重要一员。

【拓展小课堂】

如何制订社会实践计划

作为新入学的大学生，多参加社会实践活动的好处，主要体现在以下几方面：培养学习兴趣；建立正确的世界观、人生观和价值观；促进自我认识、增加社会阅历；培养创新意识；提高个人能力；拓宽规划思路等。实践活动分为校内实践和社会实践两大类，校内实践往往有竞选学生干部、学校勤工助学管理服务组织提供的实践活动、学校社团活动、校内兼职等。社会实践内容形式丰富多彩，其信息获取渠道也有很多。常见的社会实践活动机会主要可以从以下几个方面去寻找：学校论坛板块、大学生"三下乡"活动、合作企业、正规的招聘网站等。实践活动分为个人和团队形式，无论是哪种形式在进行实践活动之前都要先结合自身的情况和条件，制订相应的实践计划。在制订计划时特别要注意的一点就是在实践的过程中可能会出现哪些问题，要有预案，能提前预估可能出现的问题或困难，提前想好解决措施，做到防患于未然。学生通过参与大量的社会实践活动，既提升个人能力，又能服务于他人，还可以激发个人对未来职业发展的激情。

第 2 章 | 数字创意设计与科学技术

2.1 数字创意产业与创新设计

2.1.1 数字创意产业发展现状及前景分析

2016 年 3 月，李克强总理在政府工作报告中首次提出"大力发展数字创意产业"。2016 年 12 月，国务院根据"十三五"规划纲要的有关部署印发了《"十三五"国家战略性新兴产业发展规划》，正式将数字创意产业列为与新一代信息技术、生物、高端制造、绿色低碳产业并列的五大新支柱之一。数字创意产业链涵盖设计、艺术、制造、传播、消费等过程，作为跨界融合新兴产业，已经成为当今世界发达国家经济社会发展的重要组成部分。

什么是数字创意产业？虽然数字创意产业已经广泛地被应用于社会生活的各个领域，但目前国际上还没有形成公认、统一的定义或概念。在他国同类产业发展中，英国以轻量的文化创意产业为主；美国以版权产业为统称；日本与韩国以动漫游戏业为支柱。然而我国数字创意产业的概念明显有别于以上国家，是将科技创新与文化创意有机融合，从而发挥巨大能量并形成的新兴产业。中国智能 CAD 和计算机美术领域的开拓者之一——潘云鹤院士对数字创意产业进行了定义，数字创意产业即驾驭数字技术的创意内容业和创意制造业。数字创意产业主要特征是以科学技术和文化艺术为输入源，以数字创意产业为载体，高度地统筹和融合创意内容业和创意制造业这两者，并最终输出经济价值和文化价值。数字创意产业主要包括 3 个核心领域，即影视与传媒业、动漫与游戏业和数字出版业；1 个新兴领域，指虚拟现实或者说增强现实产业（以下简称"VR/AR 产业"）；7 个衍生领域，即文化与博物业、人居环境设计业、体育与健康业、设计业、玩具业、时尚服饰业、旅游业产业领域。由此可见，目前数字创意产业尝试在各领域创造新的应用业态，覆盖领域众多，具有产业边界模糊以及产业领域重叠的特点。

数字创意产业发展主要依赖数字创意技术和创新设计两大基础板块。数字创意技术主要包括移动互联网技术、云计算技术、大数据技术、三维打印技术、VR/AR 技术、传感器技术、人工智能技术等支撑数字创意产业发展的基础性高新技术。数字化不仅改变了产品的设计、生产、销售和服务方式，也改变了很多企业的管理策略和商业服务模式。创新设计是以知识网络时代为背景，以产业为主要服务对象，根据绿色低碳、网络智能、开放融合、共创分享的时代特征，包含技术、艺术、文化、人本、商业五大要素，集科技文化和服务模式创新于一体，对全面提升我国产业竞争力和国家竞争力具有重要战略意义的基础性发展策略理论。将数字创意技术和创新设计相结合，一方面，可以不断推动传统文化创意产业和传统制造业转型升级，形成创意内容业和创意制造业，提升软、硬件实力。其中，创意内容业主要包含网络游戏、网络动漫、网络文学、数字视频、数字博物馆、互联网广告等，是个人和群体创意最为活跃的领域；创意制造业主要包含智能工业产品、智能玩具、智能家居、人机融合穿戴设备等，是实施创新驱动发展战略的重要抓手。另一方面，两者相结合可以借助丰富的创意和想象力，以科技、设计和文化内容的深度融合引领周边产业领域发展，不断推动其产业跨界、融合、渗透，从而形成新的内容、业态和模式。同时，周边产业领域的发展也反哺创意内容业、创意制造业、数字创意技术装备和创新设计，为这些新兴产业和技术提供内容支撑。

在我国，数字创意产业具有知识密集型、高附加值、高整合性的特点，对于提升我国产业发展水平，优化产业结构有着不可低估的作用。一是体现在数字创意技术方面，数字创意产业依托于三类技术，即使能技术、应用技术、终端设备技术。其典型代表有超高清、VR、人工智能和大数据这四项前沿数字技术，它们对于推动数字文化创意产业的发展起着至关重要的作用。超高清技术的应用可以有效地拉动消费电子终端市场的发展，2017 年中国 4K 电视机产量 3 300 多万台，占全球 4K 电视机总量的 42%，到 2020 年，全球 4K 入户数将突破 33 000 万户，成为全球最大的 4K 电视消费市场。VR 技术可以帮助用户在虚拟场景中体验三维动态视景，VR 产业在 2016 年达到高峰，但由于内容方面的缺乏，产业发展势头在 2016 年后逐渐回落，根据 Gartner 技术发展曲线来看，VR 技术目前已进入复苏期，有望实现长期稳定发展。人工智能目前处于由感知智能向认知智能突破的发展阶段，涉及的热门研究领域包括计算机视觉、自然语言处理、机器学习和大数据法则等。二是体现在数字内容创新方面。比如文化创意类。2017 年全国文化创意和设计服务业产业规模达 11 891 亿元，同比增长 8.6%，其中，文化创意产品销售额超过 10 亿元；苏州博物馆销售额达到 1 400 多万元，上海博物馆更是实现了 3 862 万元的文化创意收入。再如网络视频，2017 年网络视频平台将版权内容与优质自制内容作为战略发展核心，行业规模实现超 900 亿元，同比增长 48.4%，用户规模达 5.79 亿人，占网民总体的 75%，较 2016 年增加 3 437 万人。手机网络视频用户规模达 5.49 亿人，占手机网民的 72.9%，较 2016 年增加 4 870 万人。2020 年，网络视频整体市场规模将近 2 000 亿元。此外，网络视频企业还积极与漫画、游戏等相关内容行业联动，逐步凸显生态化平台的整体协同能力和商业价值。

在数字创意产业发展过程中，形成了一批具备竞争力的数字创意典型产品。以故宫六大宫殿百年来首次亮灯为例，2019 己亥年元宵节期间，北京市委宣传部和故宫博物院共同举办了大型文化活动"紫禁城上元之夜"。从数字创意技术装备来看，运用了数字投影、虚拟影像、互动捕捉等技术，其中太和门建筑主体及汉白玉台阶采用 55 000 流明的激光电影放映机，让数字画面精准地呈现于古建筑之上。此外，亮灯工程的照明设计实现了高新科技与文物保护的有机融合，比如通过设定不同的灯光强度从而产生光影对比，使紫禁城在夜间实现"见光不见灯"的布光效果。从创新设计水平来看，此次亮灯工程通过激活传统节庆文化实现了中华优秀文化的创造性转化和创新性发展，充分地展示了中华文明的影响力和感召力。从数字内容创新上说，亮灯工程在保护故宫文化遗产的前提下，将传统文化元素与当代数字影像设计交织，多层次地展示优秀传统文化的深厚内涵，组成创新的文化体验空间。从产业融合发展上说，此次活动不仅是文化与相关产业融合的旗帜，还是文旅融合的又一探索性的典型范例。数字创意的典型产品例子还有三星堆博物馆运用 MR 技术推出的全新数字文创产品——全球首部 MR 电影《古蜀幻地第一章——青铜神树》，通过 MR 技术的运用让文物"活"了起来。电影中采用了很多内容表现形式，包括插画、长卷、视频，还有 3D 模型。近年来优秀的数字创意产品越来越多，相信大家都还对元宇宙新春晚会记忆犹新。敦煌研究院运用了 1：1 数字化高保真技术，在"云端"复现敦煌莫高窟第 17 窟藏经洞这种数字技术已经走向了常态化。

2.1.2　数字技术与创新设计

数字创意产业将数字技术与设计创意充分结合，具有科技先进、绿色环保和跨界范围广等特点，可以有效推动传统制造业、文化创意产业和设计服务业不断融合、渗透和变革，从而形成新的增长方式和业态模式。而设计在数字创意产业中的数字创意技术和数字创意内容中都占据了重要的地位。

我国数字创意产业的发展已具备一定的基础，并有着良好的势头，但仍然面临诸多问题和挑战，其中尤为突出的问题便是创新设计较为薄弱。虽然中国创新设计已经开始崛起，但是总体水平还有待提高。创新设计涵盖工程设计、工业设计、服务设计等各类设计领域，目前还存在各种问题比如，（1）跨学科协同创新不足，导致设计与产业的融合度不高，不能满足企业及国家重大战略需求；（2）企业缺乏原创设计和核心专利，多数企业重制造、轻研发设计的思想依然严重；（3）设计服务企业竞争力弱，仍存在体系不健全、服务平台不完善、资源不共享、设计成果转化不及时和交易机制不健全等。长期以来，以美国为代表的西方发达国家凭借其多年累积的知识产权优势、市场优势和资本优势在传统行业中高附加值的区域牢牢占据了主导地位，而以中国为代表的发展中国家，虽然以极大的生产制造规模参与其中，却仅仅获得了极低的价值分配。因此，所以需要发展数字创意技术，提高创新设计水平，推动数字内容创新，从而赋能周边相关产业领域，促进产业融合发展。具体地说，数字创意技术的发展需要迎合新一轮科技革新浪潮，即通过新一代人工智能技术改变数字创意产业的价值链，通过沉浸式技术改变创造性体验，通过区块链技术助力数字创意产业发展，通过平台经济改变数字内容生成和消费方式。

创新设计水平发展体现在通过先进理念，提升数字创意产业的各个层面，具体表现为数字创意技术装备创新、数字内容领域拥有国际竞争力，促进相关产业领域转型升级。数字内容创新的发展需要围绕文化创意、内容创作、版权利用等核心内容领域，提升核心内容领域的创新能力和竞争力，即拥有原创设计和核心专利。最终通过数字技术和先进理念推动数字创意等产业朝着个性化、智能化、体系化、融合化发展，形成文化科技深度融合、相关产业相互渗透的局面。

数字创意产业涉及领域众多，而设计作为一种新兴思维方式和行为准则，旨在帮助观察世界，拓展认知维度、发现并创造性地解决问题。它是人类生物性与社会性生存方式物化外显的形式之一，融合了诸多领域的知识。因此在这样一个技术革命重塑大众生活、颠覆现有产业形态分工和组织方式的时代背景下，我们要培养能推动数字创意产业发展的数字创意设计人才。

在全国各城市发展规划中，数字经济发展被提到很高的战略地位，大家都在积极探索数字创意产业融合发展路径。具体路径包括支持数字创意产品原创能力建设，推动文化、教育、旅游和休闲娱乐资源数字化融合发展，引导影视、动漫游戏、音乐制作、新媒体艺术等领域创新发展。探索建设元宇宙技术平台，支持开拓虚拟现实、互动影视、表演捕捉、可视化预演等专业服务方向。推动游戏影视化、影视游戏化，鼓励游戏玩法创新和运营创新，优化游戏互动体验等。

对于电子信息、汽车摩托车、装备制造等传统产业的发展，应鼓励制造企业与工业设计企业深入合作，聚焦结构设计、功能设计、工艺设计等高附加值环节，提升工业设计核心能力。从而推动工业设计与大数据、人工智能、虚拟现实等新技术新业态深度融合，提升设计创新能力。专业群对接产业群，主要对标游戏动漫产业，电竞、直播、短视频产业，数字技术创新设计应用，设计服务企业新模式，以及数字创意融合服务等数字创意产业发展需求。

现在数字创意企业既输出文化价值又产出经济价值，要服务好这个产业，就需要技术与设计共同支撑。数字创意产业上万亿的产值，覆盖设计与其他学科的人才培养都应按照市场的发展规律和要求作整体规划和设计，服务于国家发展和产业经济发展。作为设计专业的学生，理应梳理自己兴趣点，结合专业理论知识和产业实际来规划和确定自己的学习目标，为今后的职业发展打下坚实基础。

2.1.3　数字创意产业五大业态

目前，设计专业群发展定位是服务于"数字创意技术、网络直播、5G 短视频、数字文创设计、人居环境设计"五大业态。首先是数字创意技术，随着移动互联网、人工智能、云计算、大数据等技术的成熟，这些技术不仅为文化创作和设计创新提供了新的环境和方法，而且重塑了人们对于文化内容的消费习惯。数字技术分为使能技术、应用技术、终端设备技术三类。使能技术是指通用的基础信息技术，包括人工智能（AI）、大数据、云计算、人机交互、视听觉技术、空间及情感等感知技术、物联网与第五代移动通信（5G）等网络技术。这些技术是各行业进行数字化建设的前提条件，也为数字创意行业自身应用的实施提供支撑。应用技术是指各专业技术领域实现层面的技术，如数字内容加工处理软件、家庭娱乐产品软件、动漫游戏引擎技术、交互娱乐引擎开发、数字艺术呈现技术、广播影视融合媒体直播技术以及文化资源数字化处理等技术。应用技术是数字创意产业各专业领域提升内容质量和创新服务模式的核心工具，只有在应用技术层面形成突破，才能实现内容产品质量提升。终端设备是用户进行内容消费的承载对象，包括硬件及其装载的应用软件，如 4K/8K 超高清电视机、裸眼 3D 电视机、支持三维声（3D Audio）的沉浸式音频设备、VR/AR 设备、数据手套及游戏控制器等感知终端、影视摄录设备等。终端设备是改善用户体验的直接手段，其发展程度直接决定数字内容的呈现方式和观众的使用感受。

网络直播是通过互联网进行实时录制与广播的流媒体形式。我们今天重点讲的是电商平台产品的网络直播。随着直播电商行业的快速发展，"人 - 货 -场"发展模式也正面临新的挑战。网络直播是一种技术意义上的"复合媒介"或"融合媒介"。通过运用 AR、VR 等数字技术，可以以虚拟主播形式在短视频、直播、TVC 中实现主播的"复制"。通过实时摄影机追踪、实时场景映射和实时渲染等技术，可以形成完整高效的跨场景、跨时空拍摄方案。目前的技术已经足够支撑打造在线化、数字化、智能化、自动化的完整直播运营链路。例如，冬奥会期间，央视频 AI 手语主播"聆语"让人倍感惊喜；2022 全国两会期间，央视频再次出新，推出总台首个拥有超自然语音、超自然表情的超仿真主播"AI 王冠"，在两会新媒体报道中，为用户带来最新的内容解读；央视频在两会期间还推出第一档由真人主播与虚拟人主播同框互动的两会特别节目

《"冠"察两会》，这是总台继冬奥会独家 8K、VR 沉浸式观赛等"黑科技"技术之后，继续深化"5G+4K/8K+AI"战略布局，充分发挥媒体融合传播优势，强化技术引领、广泛创新和应用新技术新手段的又一次创新突破。2022 年全国两会，SMG 融媒体中心"全媒特种兵"的队伍还加入了一位特殊的新成员——以全新的三维超写实虚拟数字人形象升维亮相的 SMG 虚拟新闻主播"申雅"，虚拟主播具有不受时空条件限制的鲜明优势，"申雅"身着根据中心记者服装 1∶1 真实还原的服装统一出镜，"空降"两会现场，以更为灵活的报道方式和独特视角，从两会现场持续发回"雅看两会"系列短视频。播报形式新颖、语态鲜活，令人眼前一亮。不仅如此，"申雅"还与前方两会记者一同携手，在东方卫视新闻大屏端和看看新闻 Knews 小屏端同步打造"两会观察"专栏，以"虚拟人 + 真记者"同屏交互的"跨次元"方式推出联合报道，共同播报两会热点，分享两会观察内容。

再说 5G 短视频。5G 被认为是七大新基建的领头羊，也是人工智能、大数据中心等领域的信息连接平台。5G 时代，视频行业有望成为最先爆发的领域，带动数字经济新发展。5G 时代视频技术具有三大基本趋势，即超高清视频流传输、沉浸式互动体验、内容生态"超视频化"。随着 5G 技术的日趋成熟，用户对高清、创意、原创性等视频需求越来越高，整个市场对创意策划、视频剪辑、制作的需求量也暴增。借助 5G 带来的万物互联将会使短视频与更多应用场景融合到一起，短视频产业链的边界将被彻底打碎、重构、融合。5G 短视频与其他行业正在呈现出加速融合态势，"短视频 +"正成为新时代媒体融合创新发展的重要推动力之一，也在为各行各业创造更多的可能性。短视频 + 文化、短视频 + 旅游、短视频 + 体育、短视频 + 联网无人机等跨行业融合会成为重要应用场景。除此之外，智能汽车、智能家居、智慧城市等行业也将与视频行业融合。

数字文创设计实际上是人工智能、大数据等数字科技与文化领域的结合，在文创产品设计上碰撞出新的火花。全新的数字文创生态悄然形成。一方面，数字技术融入原有文创业态，进而形成新的数字文创业态，比如数字动漫、数字游戏、数字影视、新媒体等；另一方面，基于数字技术形成全新的文创业态，比如虚拟现实。数字文创在设计领域有着广阔的应用前景，在进行数字化的设计时，可以通过与技术进行融合，创造出更加完美的动态效果，也可以通过数字虚拟展示技术设计产品，产品内容包括声音、图像、视频等，让观众可以产生真实的体验感。

最后是人居环境设计。这里的人居环境主要指在数字创意产业中的人居环境设计，重点是数字化智能化景观设计。数字化时代，数字家园是现代计算机技术、现代控制技术、现代通信技术与建筑技术融合发展的必然产物。信息化的社会使得环境成为信息的重要载体和媒介。环境从人们基础物质生活的容器，转化成为人们高阶精神生活的载体。人们希望在同一个环境里得到多层次，各类型需求的满足，原有人居环境的功能呈现出复合超级化的特征。传统意义上的景观设计已不能够满足如今人们的追求，当今新时代下的我们需要更多的参与和交流，不仅需要物质的参与和交流也有精神的参与和交流。这就需要设计师将交互设计相关理念应用在设计中，探究更多样的人与场景的互动方式，如运用数字技术中的全息投影、声光感应设备、虚拟现实等，结合场景要素，在日常生活环境中渗入可被参与者所体验、感知、理解的场景内容，进而拉近人与场景的距离并促进交流。也可借助互动装置、数字技术等营造交互体验，通过体验的感知调动人的感官。

信息时代的环境越来越像一个以"人"为中心建构的多功能信息数据平台，一个承担生活、办公、教育、娱乐、休闲等多功能的复合场所。多功能复合化的环境成为信息社会的环境特征。数字信息时代的设计专业从以造物和形象为目的，外延至非物质的服务和虚拟的设计范畴之中，"数字化环境设计"帮助我们创建了一个时域和空域可变的虚拟世界，人跟这个世界的关系是沉浸其中，超越其上，进出自如，交互作用。

2.2 数字创意设计产业链与专业岗位关系

2.2.1 数字创意设计内涵

数字创意产业中的设计已然是"大设计"的概念。"科技创新＋设计创新"和"文化传承＋设计创新"是高端制造业、现代服务业、战略性新兴产业的必然选择。当然数字创意产业也是新兴产业之一。设计创新的价值在于服务于人类对美好生活的向往与社会的良性持续发展。

目前，设计服务业态也发展到了新的阶段。与工业化发展一样，设计服务也经历了几个阶段：基于单项技能的单项设计服务阶段、基于关联技能的纵向一体化设计服务阶段、基于团队构建的横向跨界系统性设计服务阶段、基于资源共享的创新资源整合阶段。

设计服务包括设计生态要素、管理与价值输出服务。智能时代对设计创新人才提出了新需求：掌握新技术、适应新业态、对接新标准、创造新价值。数字创意设计是一项典型的视觉知识表达技术，是将人类创造力转化为数字视觉内容和知识的过程。在数字化和信息化的时代，设计创意的原点一定程度上从个人转向了数据。

以往的设计师是"个人英雄主义"，突出的是设计师个人，最多也不过是一个人数不多的团队。而今天的设计竞争，上升为更高层面的组织竞争，背后可谓是"数据库"的比拼。

以往的设计师是依靠个人专业技术和能力的竞争，今天则是依靠对公众创意源的掌握、提炼与吸取。尤其是在"互联网＋时代"，设计与信息技术融合，与高新技术行业密不可分。有人把这种现象称为"跨界"。如果说"跨界"在2012 年深圳开展的首届中国设计大展上还算个噱头，但是在今天，不跨界的设计反而不多了。工业设计、品牌设计、网络营销、科技创意等这些未来都将会是"大设计服务"延展的部分。

设计内涵的变化来源于新兴产业的影响，以人工智能对设计的影响为例，可以从以下三个层面来看。

第一，初级阶段的人工智能会让很多"设计师"失业，同时人工智能也为人们提供了新的工作岗位。虽然人们对人工智能有无限的畅想空间，但是目前的实际进展可以说仍在"人工智能的初级阶段"。但是，即使是初级阶段，我们也不能忽视其对整个设计产业造成的巨大影响。

设计当中的低端、实用、重复的工作会迅速地被人工智能取代，例如简单的商业海报、标志设计、排版等工作。人工智能首先会"攻占"一大批基础设计服务领域。企业不必再耗费那么多的人工来设计，软件可以帮我们在短时间内完成上百个设计方案，但是方案是否适用还需要设计师与客户沟通做审核、匹配的工作。同时，软件的设计是设计师和软件工程师共同开发的结果。比如手机应用"今日头条"，通过算法实现了根据客户的阅读习惯自动推送定制化的信息，也实现了程序化广告购买。但大量的"贴标签"匹配信息、程序开发的工作都需要人工来做。所以，在人工智能的初级阶段，承担基础设计工作的设计师不会很快退位，而是要辅助机器完成学习的过程。

第二，人工智能在实用维度内作用巨大，但是在真正的创意维度内作用有限。真正的设计是人类思想的表达，因此即使到了高级人工智能阶段，设计师也不会被完全替代。人工智能可以通过数据分析设计出一样风格的作品，那么不同的风格如何创造？风格背后的意义在哪里？设计师不同时期的思考如何体现？风格、范式的转变从何而来？我们要回归到设计的本源上去寻找答案。

第三，人工智能的快速发展迫使设计师追求真正的创意。虽说人工智能不能完全取代设计师，但是必须看到人工智能的发展给设计工作者带来的极大的挑战和压力。它正在促使设计行业实现数字化变革，低端重复的设计工作将被人工智能取代。但是从另一方面来说，真正有价值的创意不容易被替代。可以说，人工智能是实现设计行业数字化变革并且保存真正设计价值的最终手段。以互联网和人工智能、数字化为代表的技术进步正在不断解构和建构设计产业，促使设计必须转型升级，走跨界、融合、再定义的道路，这也是我们今天要以专业群的发展模式来推动专业发展的原因。

2.2.2　数字创意产业链三大岗位群对应的专业及其关系

产业链是产业经济学中的一个概念，指的是各个产业部门之间基于一定的技术经济关联，并依据特定的逻辑关系和时空布局关系客观形成的链条式关联关系形态。产业链是一个包含价值链、企业链、供需链和空间链四个维度的概念。这四个维度在相互对接均衡过程中形成了产业链，这种"对接机制"是产业链形成的内在模式，作为一种客观规律，它像一只"无形之手"调控着产业链的形成。通俗讲，产业链的本质是用于描述一个具有某种内在联系的企业群结构，它是一个相对宏观的概念。产业链的形成根据社会分工不同会形成上游、中游、下游。一般而言，上游产业指处于行业生产和业务的初始阶段的企业和厂家，这些厂家主要生产下游产业所必需的原材料和初级产品等，主要是提供货物、技术、原材料和零部件；中游产业属于中间产业，主要制造核心设备；下游产业则处在整个产业链的末端，主要是对原材料进行深加工和改进性处理，并将原材料转化为生产和生活中的实际产品。产业链向上游延伸，一般会进入基础产业环节和技术研发环节，向下游拓展则进入市场拓展环节。产业链中存在着大量上下游关系和相互价值的交换，上游环节向下游环节输送产品或服务，下游环节向上游环节反馈信息。

对设计专业的学生来说，应认识到数字创意产业链上中下游以及各自之间的关系。数字创意产业链，除了涵盖文化创意产业，还涵盖装备制造、技术研发、衍生产品与服务的设计生产运营、金融、教育培训、知识产权保护等众多上下游产业，并辐射至相关周边产业。数字创意产业链上游为技术设备供应以及软件开发，是资本密集型行业。比如显示屏、投影仪等多媒体设备供应商、装修装饰公司及材料供应商、道具模型供应商、摄影公司、软件开发公司等。产业链下游包括设计机构、政府及事业单位、企业、终端消费者等。其实体形式主要有线下影院，主题乐园，内容衍生品等行业。目前国内数字创意产业链下游主要应用领域为游戏、创意设计和在线教育。而我们的专业群主要服务于数字创意产业链中的中游。作为创作环节，应用非常广泛，涵盖了网络文学、影视、游戏、创意设计、VR、在线教育等。

将专业学习与数字创意产业（链）进行对比分析是为了让我们在专业学习

过程中，使学习目标更加聚焦，学习内容更加实用，学习效果更加有效。国内职业教育设计专业群主要针对人们的吃穿住行、娱乐休闲等需求，设置了视觉传达设计、数字媒体技术、工业设计、室内艺术设计、环境艺术设计、服装设计等专业，以服务数字创意产业"数字创意技术、网络直播、5G 短视频、数字文创设计、人居环境设计"五大业态，精准对接产业中高端技能人才需求，匹配五大业态下的三类典型岗位群：传媒设计类岗位、产品设计类岗位、环境设计类岗位。各专业对接岗位群和业态的情况如下：广告艺术设计、数字媒体技术专业对应传媒设计类岗位群，就业方向主要包括全媒体运营师、品牌企划师、影视包装师、广告设计师，对接数字创意技术、网络直播、5G 短视频、数字文创设计业态；工业设计专业对应产品设计类岗位群，就业方向主要包括工业设计师、包装设计师，对接数字文创设计、数字创意技术业态；室内艺术设计、环境艺术设计专业对应环境设计类岗位群，就业方向主要包括室内设计师、园林景观设计师，对接人居环境设计业态。岗位群内专业围绕产业链中"创作、生产、传播"三大工作环节相互支撑，十二个核心技术技能点交叉融合，与产业链岗位需求高度契合。十二个核心技术技能点包括创作环节中的二维造型、三维造型、色彩设计和市场调查；生产环节中的数字交互技术、计算机辅助技术、模型制作技术、材料运用技术；传播环节中的品牌数字推广技术、新媒体技术、数字媒介技术和视频制作技术。各专业具有课程相通、技术领域相近、教学资源高度共享、就业岗位相关等特征。每个专业都可以在产业链中找到自己的位置，有些专业还会渗透产业链上的多个环节，如下图所示。

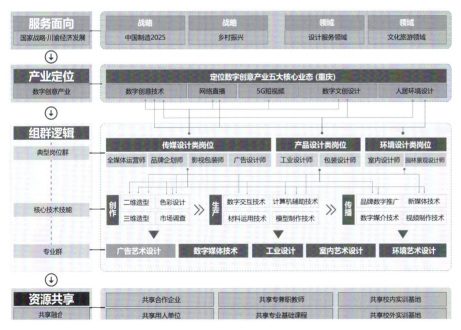

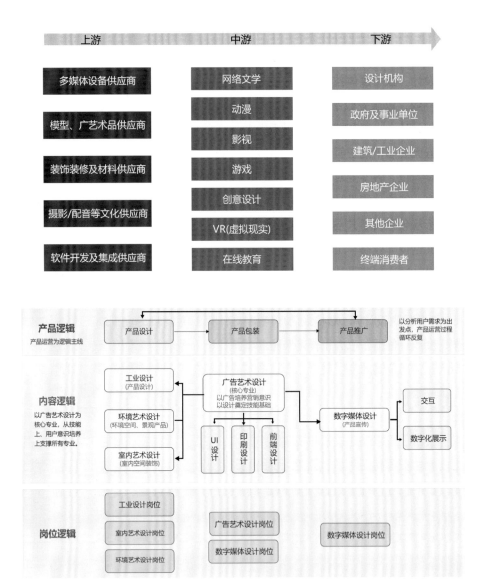

2.3 数字创意设计与前沿技术

2.3.1 产品概念设计与创新技术

概念设计也称构思设计，是一种着眼于未来的开发性构思，从根本概念出发的设计。概念设计是生产设计的最初阶段，是企业在市场调查、理想化预测、实际分析之后，提出来与原有产品有较大差别的"新概念"产品。

概念设计在进行阶段，往往要排除设计师个人的偏见，避免先入为主的观念支配，也不必过多考虑现有的工程技术条件、生产用原材料等条件。尽可能客观地、理想化地考虑各种问题，以利于设计师创造性思维的充分发挥。也就是以设计师能力所能达到的范围，来考虑未来产品使用及形态。一个全新的概念设计往往集技术与文化于一体，从不同角度反映着新概念的创造性和引导性。比如，索尼公司最先推出的"傻瓜相机"产品概念就是一个很好的例证，将产品的一部分功能操作由使用者转移给产品自身，以智能的形式来辅助使用。这一概念设计既有智能、模糊控制等新技术的采用，也有产品文化的准确定位。一经问世，不但获得了市场的欢迎，也带动了一系列相关行业的概念设计的出现。

新技术、新发明的产生，会促发更多优秀的概念设计。如新型材料"泡沫铝"的出现，可以使现有汽车车壳的耐撞能力提升六倍，从而形成极具安全概念的新型赛车。从文化方面来看，概念设计往往要给新产品一个恰当的定位和名称，从感性上激发消费者的购买热情。如海尔的"小神童"洗衣机，是为那些拥有大容量洗衣机而没有很多衣物要洗、夏天开大机器浪费、住房狭窄的消费对象设计的新概念产品。既是一种市场的迎合，也是产品文化概念设计的一个成功案例。

未来概念产品设计与创新技术发展紧密相连，将极大地为人类生活提供便利。比如 3D 打印技术催生了 3D 打印汽车、3D 打印建筑、3D 打印服饰、3D 打印食物等产品。例如，首款经过职业认证的 Chefjet 3D 食物打印机，放到厨房里就可以立刻使用，可以打印三种口味的巧克力或不同口味的糖。再如，3D 打印的手帕灯通过电脑技术的帮助完美再现了绸缎的特性，同时营造出了逼真的"织物晃动"意境。还有一些未来的概念设计尚且停留在设计阶段，因超越了技术发展水平，还未出现具体产品。

未来的手机界面可以不以实物存在，而是以界面投影的形式展现在手上，让皮肤成为手机的第二触摸屏，可以直接使用智能手环阅读邮件、接听电话、玩游戏、查看天气等功能。未来的电子操作桌面可能是以触控屏呈现，未来的桌子或许就是 iDesk 这样的，整个桌面变成了一个触控屏，摆放着日历、待办事项清单、通知、记事本、计算器等常用的应用。你可以把桌面上的任何一个地方锁定成一个触控板，并且支持多点触摸，可以通过桌面打电话、处理文件、看天气、日历、照片。

设计师约书亚·哈里斯设想了 2050 年的服装生产方式：每个人在家中自己打印服装，家里不会再有衣橱，制衣成本更低，效率更高。

未来的电池或许可以像创可贴一样贴在电脑上，吸收热能，再转化为电能储存，还有实时电量显示。把充满电的电池贴到手机上，就能通过无线充电技术为手机充电。

未来的洗衣机或许可以精简到这样：机身悬挂在墙上，就像洗衣机的滚筒架设在一个平台上。完成衣物洗涤后，可以在平台上进行熨烫，同时滚筒支持衣物的烘干和消毒。

未来撑伞只撑一根杆子也是极有可能的，譬如空气伞概念产品，空气从底部吸入，加速后从顶部呈环状喷出，在使用者的头顶形成一层气幕。尽管没有任何实际雨伞布，空气伞仍然能有效隔绝雨滴，而且不会产生任何雨滴声。

未来拍照可能只要动动手指就可以完成。韩国设计师金苏妍设计的概念相机 Air Clicker，去除了所有传统相机所需的冗繁的相机元件，在蓝牙连接智能手机的条件下，用户只需动动手指就能进行拍照了。

这些未来设计，目前仍是概念设计产品，但在不久的未来，就可能成为真实的存在。

2.3.2 智能设计技术

（1）人工智能进入创意设计领域

人工智能以不可想象的速度进入我们的生活，它影响了媒体、零售、交通、教育等多个行业的发展，如今，人工智能已经开始进入我们觉得最不可能被人工智能替代的创意设计领域。2016 年"双 11"期间，智能平台"鲁班"根据主题和消费者特征，生产了 1.7 亿数量级的素材，"双 11"站内投放的广告形式千人千面，得到的效果是商品的点击率提升了 100%。而 1.7 亿的广告海报若纯采用人工来做，满打满算需要 100 个设计师不吃不喝连续做 300 年。"鲁班"是 UCAN 大会上阿里巴巴发布的智能设计平台，通过人工智能算法和大量数据训练机器学习设计，输出设计能力。在科技日益进步的今天，人工智能在短时间内可以生成无数张颇有设计感的海报。到了 2017 年，人工智能设计师"鲁班"已学习了百万级的设计师创意作品，拥有可演变出上亿级作品的设计能力，一天可制作 4 000 万张不同的海报。鲁班系统除了个别模板还需人工设计，基本承接了此项目全部的工作量，设计效能得到大幅提升。不得不说，人工智能设计的出现，给设计行业带来的是巨大的震撼。设计与技术之间的议题，在设计师的讨论中早已不再陌生。

（2）设计师是否会被人工智能替代

随着人工智能开始被深入纳入设计领域，设计师的未来会是什么样子？设计师未来是否会被人工智能取代？设计师应该怎么做才能适应人工智能时代并茁壮成长？

随着计算能力的提高、大数据存储能力的提升和图形图像算法的成熟，未来人工智能和设计将结合得越来越紧密。唐纳德·诺曼认为，人类思维是两个截然不同部分的结合，即创造性的部分和重复的部分。而人工智能的出现最多只能解决后者所带来的问题，设计过程中的创造力问题，只能由人类设计者来解决。

正如杨光所说"未来人工智能不会取代设计师，而是帮助设计师解决重复性的工作，为缺乏设计能力的商家提供服务，重塑整个设计生态，设计师会越来越值钱"。还是以鲁班系统为例，在鲁班系统运营流程中，首先还是要请设计师设计大量固定模板，然后拆解成商品、文字、设计主题等模块。机器要做的只是从海量素材中选取元素，套入固定模板，组合成不同模块。这样一套人工智能系统，固然技术含量很高，但毕竟还不是真正的设计思维。人类的核心设计思想不可能被完全替代，如情感、想象力等内在的精神品质是人类特有的，短期内不太容易被人工智能取代。人工智能没有情感和情绪，无法体验艺术的愉悦和精神的享受，它仅是一个基于数据的智能机器。计算机程序可以准确计算几何图案和色彩饱和度的比例，但没有办法成为人工智能版的莫奈和毕加索。只有当人工智能能够感知并主动寻求快乐时，它才会做出有品位的设计。这是人工智能和人类设计师最大的区别。所以，具有创造性的优秀设计师无须担忧，现阶段的 AI 正好能让他们从简单的重复工作中解放出来，设计师反而可以更好地专注于设计本身，更好地释放创造力。从这个意义上说，反而是人工智能解放了设计师。

如今有非常多的年轻人在用自己创造的巧思，用自己独特的创意，展现商品创意。在 2016 年淘宝推出的首度"淘宝造物节"上，一名设计师以一只猫的形象，设计出名为"吾皇万岁"的周边产品，最终在线上爆红，引来 50 多个品牌寻求合作。在造物节上，这样的案例比比皆是。更多的设计师品牌、更多的原创设计涌现了出来。

这种变化是基于中国消费者年龄层的变化，00 后、90 后消费者成为整个中国消费市场的主力，他们更加倡导精神上的生活，在物质方面更加需要有品质感。现在很多国内企业也意识到，有设计感、有自主产权的产品恰恰是年轻一代所需要的。在这个过程中，不仅越来越多的商家会转变，而且设计师起到的作用也越来越大。

（3）智能技术重塑设计领域

总的来说，创新技术正在真正塑造设计行业，为设计行业带来前所未有的功能和前景。人工智能给设计行业带来的改变是革命性的，但重塑设计行业形态的技术除了人工智能，还有 AR/VR、智能语音等新技术、新设备，语音控制、远程交互正在成为现实。以前人机交互的对象终端就是电脑，而今天的场景更加复杂，接入移动互联网的设备也在爆炸式增长。这里面除了传统的PC、手机设备，以车联网、移动家居、移动支付、智能电网等为代表的新设备也将融入生活中。

元宇宙概念火热的当下，设计接下来的重点是使用增强现实和虚拟现实。在未来几年，AR和VR将爆炸式增长，产生对掌握特定技能的设计师的需求。此外，有关虚拟现实交互和策划虚拟体验的设计挑战，可能还需要人工智能无法实现的独特技能。因此，在未来的设计中，虚拟世界为设计师提供了巨大的潜力。

所以，永远保持接受学习新事物和新技能的开放心态和能力，才是应对未知世界的最好方法。未来想要成为设计师的你们，应更多去培养想象力与创造力，做机器做不了的工作，坚守人类的智慧与爱，去更好地适应人工智能时代。

【拓展小课堂】

如何做好市场调研

企业在市场运营过程中，总会遇到形形色色的市场问题。有的看似至关紧要，甚至关乎企业生死存亡；有的看似刻不容缓，需要迅速下达决策应对；亦有的看似无关紧要，放任其随波逐流自行退去即可。判断市场问题重要性的方法只有一个，便是针对市场问题及时开展专项市场调研，依据客观数据得出合理化结论。这也正应允了那句老话"没有调查就没有话语权"。那么，如何才能有效地开展好市场调研工作呢？核心便是以解决关键性问题为导向。

具体流程如下：

一、调研开展前期的框架梳理

为了了解目标市场的业态发展现状及把控调研信息质量。调研开展前期应进行关键事项的框架梳理以及充分做好各项准备工作，为专项调研的成功开展奠定基础。精准的调研框架筹备流程可按先后顺序划分为四个步骤。

1.商讨核心诉求

市场调研工作通常服务于企业中高层决策人，决策人的常见核心诉求以了解市场发展动态、掌握关键问题、形成具体应对举措、调整优化运作模式等居多。故而，前期框架梳理的首要步骤就是针对决策人的核心诉求展开沟通，为调研工作的开展确定执行方向。

2.明确调研目的

围绕调研诉求的方向指导，首先不妨设定几个问题来明确调研目的。

（1）此次调研的主要目标是什么？

（2）通过此次市场调研我们需要解决什么问题？

（3）如何在有限的时间内达到切实有效的市场调研效果？

以问题为核心，逐步扩散调研范围，深度明确调研目的。

3. 拟定调研主题

拟定调研主题是市场调研工作开展的起点，更是市场调研成功与否的关键一步。结合调研工作的实际出发点，紧扣主要矛盾，抓住核心问题。针对关键性事项设立主题，通过开展主题调研活动对市场问题做出倾向性引导。

4. 设计调研框架

设计调研框架是指导调研工作高效开展执行的工具。整体前期框架内容筹备包含三个方面：

首先，对调研工作开展的重点难点进行罗列，譬如了解区域市场的业态现状、区域市场的消费形态、主要调查的渠道类型、主要产品价格区间的竞品信息（产品信息、产品政策、动销数据、消费场景、消费点击率等一系列核心数据）；

其次，调研问卷内容设计，调研问卷内容的设计要建立在上一步工作的基础上，问题设计紧扣主题，尽可能采用口语化及指向性引导，避免受调对象答非所问，获取信息偏离主旨。在进行调研问卷设计时，需同步制订各项调研数据汇总表格，以便进行有效信息的系统归类；

再次，制订具体调研计划，涉及调研区域的选择、调研行程安排、调研人员沟通、调研样本选取（样本范围需充分考虑到样本的覆盖面，各种类型的样本均须有涉及，切不可选取单一同质化小样本区间，导致调研信息出现极致偏差）、调研方式选择等。

常规外部调研方式有两种形态：

其一，熟人带领调研，此类方式相对容易了解调研信息，但需要注意调研对象可能存有戒备心理导致反馈虚假信息；

其二，陌生拜访调研，此类调研方式需重点关注沟通技巧，如专业形象展示、嵌入共同话题、含蓄引导性提问等。

二、调研执行过程的有序推进

充足的调研前期筹备部署服务于调研执行过程的有序推进。市场调研信息的获取方式通常由线上数据查阅以及市场实地摸排两个环节构成，按照由广度到深度的内在逻辑执行推进。

1. 线上数据查阅

调研工作的开展是一项系统化推进流程，其中需要了解的宏观层面数据往往无法从市场上直接得到答案，譬如行业数据、人口数量、产品市场容量等。因此，需要调研人员结合受调研区域的各项指标和行业发展形式，通过充分查阅资料并进行信息比对，对调研内容做出初步预判——即大胆假设。

2. 市场实地摸排

实践不仅是检验真理的唯一标准，更是获取有效信息的必经途径。在开展市场实地调研的过程中，需要严格按照既定流程向前推进，倘若在信息获取的过程中存在信息遗漏或缺陷，势必要增加样本选择，直至信息被完整收集。在此，向大家分享一个常规获取信息的方法：在调研走访的前期阶段，采用引导性信息收集方式。

三、调研数据整理的系统分类

市场调研走访信息收集完毕之后，紧接着要及时对获取来的市场反馈信息进行信息汇总及数据信息系统化分类整理。

1. 信息及时汇总

市场调研走访通常以阶段性持续开展形式推进，调研周期少则三五天，多则持续数周。

2. 数据信息系统化分类

待市场走访调研工作正式结束，将调研收集的数据信息分模块进行归类整理。结合查阅的线上数据及实践信息数据内容统一进行分类。调研人员针对各个模块信息数据分项甄别虚实，从而进一步提取真实可靠信息。

四、调研客观结论的辩证分析

依托信息数据得出结论，依据专业辩证分析做出预判。市场调研工作的最终结果即是为此。具体阐述如下：

1. 得出客观结论

客观结论必须依托于客观调研信息数据。调研人员结合鉴别后的真实反馈信息，再度回归调研主体。以真实信息为参考依据，结合调研关键性事项对信息进行有效提炼，从而得出客观结论，并提出解决建议。

2. 辩证分析预判

市场调研工作的开展不仅限于应对市场关键性问题，更是为企业未来的战略方向及策略的制订提供指导依据。故而，营销人员应利用自身专业特长，以辩证思维从专业角度展开结论分析（譬如：宏观、微观层面），再借助于SWOT等各类分析模型为企业的未来发展做出合理化预判并指明发展路径。

3. 问卷星工具的使用，当有的人还在为过多的需求焦头烂额，有的人已经学会更聪明地工作，给需求排优先级，并拒绝"影响不大""起反作用"的需求。

第 3 章｜专业群人才培养与知识体系

3.1　专业群人才培养目标与政策保障

3.1.1　专业群人才培养目标

首先要知道什么是专业群，所谓"专业群"指对应区域内某一个支柱产业的产业链或相关技术（服务）领域，整合高校现有专业，由三五个课程基础相近、资源共享能力较强、职业岗位相近的相关专业，所形成的集群式专业结构。其次要明确建设专业群的意义。建设意义可以概括为三个需要，一是国家对职业教育未来发展的需要，二是适应智能化时代背景下产业模式带来职业结构变化的需要，三是设计行业对设计人才的职业岗位、工作要求发生改变的需要。这三个需要让设计专业的人才培养必须做到以下几点。

1. 群内专业的逻辑性

职业教育"广告艺术设计"专业群包含了广告艺术设计、数字媒体技术、工业设计、环境艺术设计、室内艺术设计五大专业，分别属于文化艺术、电子信息和装备制造三大类，符合当前跨学科跨专业组群的要求。这五个专业都属于设计的范畴，具有设计基础课程相通、教学资源共享度较高、就业相关性高等特征，五个专业存在较紧密的逻辑关系。同时五个专业能服务于同一条产业链上相对应的环节。数字创意是重庆市重点打造的产业，也是一个新兴的跨界产业。"数字化创意、数字化设计表现、智能化产品生产、数字媒体传播"组成了数字创意产业链，五个专业渗透产业链上的创作、生产、传播全过程。每个专业都可以在产业链中找到自己的位置。群内各专业以数字创意产品运营的"设计→包装→推广"为逻辑主线。工业设计、室内艺术设计、环境艺术设计专业是产品设计的基础；广告艺术设计专业是产品包装的关键，也是专业群的核心，既可提供前期策划，又可中期为产品进行外部宣传与推广方案设计；数字媒体技术专业是产品推广的关键。专业群的组群逻辑既考虑了产业和岗位的需求，同时也考虑到各专业知识的内在联系。

2. 人才培养的全面性

精准对接重庆数字创意产业五大核心业态下的"传媒设计类、产品设计类、环境设计类"三类典型岗位群，以全媒体运营师、品牌策划师、影视包装师、广告设计师、工业设计师、包装设计师、室内设计师、园林景观设计师等就业岗位为目标，培养崇尚劳动、尊重劳动、德智体美劳全面发展，具备二维造

型、三维造型、色彩设计、市场调查、数字交互技术、模型制作技术、品牌数
字推广、视频制作技术等岗位核心能力的数字服务型、数字应用型高素质技术
人才。

3. 培养实施的系统性

整合资源，实施跨学科跨专业的教学组织。专业群人才培养并不是简单的
"1+1=2"的模式，而是可以实施跨学科、跨专业教学，实现资源共建、共享、
共用的"1+1>2"全模式。教学实施过程以跨学科、跨专业重组教学单位，学
习对象是多个专业学生，以组为单位完成综合性项目，优势互补，共同进步。
各专业之间的相互依赖性也会增强，形成人才培养合力，从而组建起真正意义
上的专业群。教师课程团队也是由跨学科、跨专业搭建。在这种意义上每个专
业的学生都可以享受到最优质的教学资源、最优秀的教师团队。

当前我们正处于信息爆炸的时代，全媒体运营师、新媒体运营师、工业视
觉系统运维员等新职业的涌现，源于近年来经济社会发展、科技进步与产业结
构的调整，以及互联网、人工智能、物联网、大数据、云计算等新兴技术的广
泛运用。这些为各种新经济、新业态的不断涌现奠定了基础，形成了巨大的人
才需求。这一变化意味着人才生态链的重构，也为设计专业带来了广阔的发展
空间。随着人工智能、现代计算机技术、网络技术和数字通信技术的高速发展，
数字创意行业的高端人才应做到技术和艺术的结合，这种综合性要求给人才培
养提出了更高的要求。

3.1.2　人才培养的政策和保障措施

众所周知，人才培养的具体实施需要国家政策和相关措施的保驾护航。下
面这个表里梳理了从 2018 年到 2021 年国家有关产业和职业教育发展的相关政
策，这些政策主要体现在以下几个方面：一是宏观层面的政策和规划，如《国
家职业教育改革实施方案》《职业教育提质培优行动计划（2020—2023 年）》
《中华人民共和国国民经济和社会发展第十四个五年规划和 2035 年远景目标
纲要》《战略性新兴产业分类（2018）》《中国教育现代化 2035》《深化新
时代教育评价改革总体方案》等；二是细分到产业或其他类别的措施，如《深
化新时代职业教育"双师型"教师队伍建设改革实施方案》《关于推动先进制
造业和现代服务业深度融合发展的实施意见》《文化和旅游部关于推动数字文
化产业高质量发展的意见》《关于促进文化和科技深度融合的指导意见》等。

2018 年—2021 年国家有关部门关于职业教育的政策文件

序号	政策文件名称	文件颁发部门	文件颁发时间
1	《战略性新兴产业分类（2018）》	国家统计局	2018 年 11 月 7 日
2	《中国教育现代化 2035》	中共中央、国务院	2019 年 02 月 23 日
3	《国家职业教育改革实施方案》	国务院	2019 年 01 月 24 日
4	《加快推进教育现代化实施方案（2018—2022 年）》	中共中央办公厅、国务院办公厅	2019 年 02 月 23 日
5	《关于实施中国特色高水平高职学校和专业建设计划的意见》	教育部、财政部	2019 年 03 月 29 日
6	《关于在院校实施"学历证书 + 若干职业技能等级证书"制度试点方案》	教育部、国家发展改革委、财政部、市场监管总局	2019 年 04 月 04 日
7	《中国特色高水平高职学校和专业建设计划项目遴选管理办法（试行）》	教育部、财政部	2019 年 04 月 16 日
8	《关于全面推进现代学徒制工作的通知》	教育部办公厅	2019 年 05 月 14 日
9	《深化新时代职业教育"双师型"教师队伍建设改革实施方案》	教育部、国家发展改革委、财政部、人力资源社会保障部	2019 年 08 月 30 日
10	《关于推动先进制造业和现代服务业深度融合发展的实施意见》	国家发展改革委、工业和信息化部、中央网信办、教育部等	2019 年 11 月 10 日
11	《中国特色高水平高职学校和专业建设计划建设单位名单》	教育部、财政部	2019 年 12 月 10 日
12	《关于促进文化和科技深度融合的指导意见》	科技部、中央宣传部、中央网信办、财政部等	2019 年 8 月 13 日
13	《文化和旅游部关于推动数字文化产业高质量发展的意见》	文化和旅游部	2020 年 11 月 18 日
14	《关于做好国家文化大数据体系建设工作的通知》	中央文化体制改革和发展工作领导小组办公室	2020 年 4 月 30 日
15	《关于扩大战略性新兴产业投资培育壮大新增长点增长极的指导意见》	国家发展改革委、科技部、工业和信息化部、财政部	2020 年 9 月 11 日
16	《关于实施职业技能提升行动"互联网 + 职业技能培训计划"的通知》	人力资源社会保障部、财政部	2020 年 02 月 17 日
17	《关于深化新时代教育督导体制机制改革的意见》	中共中央办公厅、国务院办公厅	2020 年 02 月 19 日

续表

序号	政策文件名称	文件颁发部门	文件颁发时间
18	《现代产业学院建设指南（试行）》	教育部办公厅、工业和信息化部办公厅	2020 年 07 月 30 日
19	《职业教育提质培优行动计划（2020—2023 年）》	教育部、国家发展改革委等	2020 年 09 月 16 日
20	《深化新时代教育评价改革总体方案》	中共中央、国务院	2020 年 10 月 13 日
21	《中国特色高水平高职学校和专业建设计划绩效管理暂行办法》	教育部、财政部	2020 年 12 月 21 日
22	《职业教育专业目录（2021 年）》	教育部	2021 年 3 月 12 日
23	《中华人民共和国国民经济和社会发展第十四个五年规划和 2035 年远景目标纲要》	十三届全国人大四次会议	2021 年 3 月 12 日
24	《"十四五"国家信息化规划》	中央网络安全和信息化委员	21 年 12 月 27 日

2021 年 3 月第十三届全国人民代表第四次会议   华人民共和国国民经济和社会发展第十四个五年规划和 2035 年   示纲要》中明确提出加快数字化发展及建设数字中国的目标。包含深化研发设计、生产制造、经营管理、市场服务等环节的数字化应用；培育发展个性定制、深入推进服务业数字化转型；构筑美好数字生活新图景，推动购物消费、居家生活、旅游休闲、交通出行等各类场景数字化；加快信息无障碍建设等方面。为加快"数字中国"建设，我国政府开展了很多工作，包括积极实施"互联网+"行动，推进实施"宽带中国"战略和国家大数据战略等。此外，还将启动一批战略行动和重大工程，推进 5G 研发应用，实施 IPv6（第六代互联网协议）规模部署行动计划等。

2021 年 12 月，中央网络安全和信息化委员会印发《"十四五"国家信息化规划》（本段简称《规划》），对我国"十四五"时期信息化发展作出部署安排。《规划》提出，到 2025 年，数字中国建设取得决定性进展，信息化发展水平大幅跃升。数字基础设施体系更加完备，数字技术创新体系基本形成，数字经济发展质量效益达到世界领先水平，数字社会建设稳步推进，数字政府建设水平全面提升，数字民生保障能力显著增强，数字化发展环境日臻完善。2022 年 7 月 23 日，第五届数字中国建设峰会在福建省福州市启幕，本届峰会以"创新驱动新变革、数字引领新格局"为主题，立体化展现数字建设的成果。国家互联网信息办公室对外发布了《数字中国发展报告（2021 年）》，报告显示，我国已建成全球规模最大、技术领先的网络基础设施，数字技术创新能力快速提升，人工智能、云计算等新兴技术跻身全球第一梯队，我国数字经济规模总量稳居世界第二。值得一提的是开幕式前一晚的"福元宇宙"数字灯光秀，是以福州闽江两岸以及会展岛的三处典型区域为特色展开的一次"R（真实场景）+AR（增强现实）技术"数字灯光秀，获得社会好评。

再来看一看《重庆市数字经济"十四五"发展规划（2021—2025年）》，该规划中指出探索数字创意产业融合发展路径。支持数字创意产品原创能力建设，推动文化、教育、旅游和休闲娱乐资源数字化融合发展，引导影视、动漫游戏、音乐制作、新媒体艺术等领域创新发展。探索建设元宇宙技术平台，支持开拓虚拟现实、互动影视、表演捕捉、可视化预演等专业服务方向。推动游戏影视化、影视游戏化，鼓励游戏玩法创新和运营创新，优化游戏互动体验。围绕电子信息、汽车摩托车、装备制造等产业高质量发展，鼓励制造企业与工业设计企业深入合作，聚焦结构设计、功能设计、工艺设计等高附加值环节，提升工业设计核心能力。推动工业设计与大数据、人工智能、虚拟现实等新技术新业态深度融合，提升设计创新能力。

《重庆市数字产业发展"十四五"规划（2021—2025年）》（本段简称《规划》），计划到2025年全市基本形成产业发展体系健全、龙头企业引领带动、技术创新能力突出、数据资源要素富集的"五十百千"数字产业发展体系，数字产业业务收入超过1.5万亿元，数字经济核心产业增加值占GDP比重达到10%以上。《规划》中还提到全市将着力发展集成电路、新型显示、智能终端、通信网络、智能网联汽车、软件、人工智能、先进计算、数字内容、区块链、互联网平台、网络安全十二大数字产业，并推进数字产业集群化发展。

《广东省培育数字创意战略性新兴产业集群行动计划（2021—2025年）》中提出的重点任务包括：促进游戏动漫产业健康发展；促进电竞、直播、短视频产业创新发展；大力推进数字技术应用；大力提升创新设计能力；深化数字创意融合服务。

这些政策为数字创意产业搭建了发展的平台，也为职业教育的建设与发展带来机遇。服务于数字创意产业各领域、各岗位的人才培养同时面临着机遇和挑战。

除了以上提及的这些政策，学生也应自行深入了解国家对产业发展的相关政策，了解国家战略方针，做好学习规划，为今后学有所成服务社会打下坚实的基础。

3.2 专业群各设计专业共性知识体系

作为一名大学生首先要了解大学文化、了解所学专业、要经常关注国家战略和产业发展，其次要规划学习目标、树立职业理想。最后才是进入大学的学习。

前面的内容介绍了为什么我们要以专业群来带动各专业的发展，也提到了专业的发展、人才的培养必须以服务地方经济、产业发展为前提。在数字创意产业方面，企业更需要既懂艺术又懂技术，并能利用新技术进行设计和创作的应用型人才。

培养服务于数字创意产业的数字创意设计人才应该具备多样交融的知识结构、跨界全方位的能力结构和"四维"的素质结构。时代的飞速发展和市场的变化也给职业教育提出了高要求，那就是人才培养体系必须重构。

因此设计专业群的发展要落实集群发展思想，对接数字创意产业链产品设计类、传媒设计类、环境设计类三大岗位群，以培养高素质创新型设计人才为目标，构建"底层共享、中层分立、顶层拓展"专业群模块化课程体系。

课程体系分为公共基础课程和专业（技能）课程两类，采取"平台＋模块"结构体系。公共基础课程旨在培养学生的思想修养、思维方式、健康体魄、优良作风、基本知识和文化素质。公共基础课程包括公共基础平台课程、公共选修模块课程和素质拓展模块课程。

公共基础平台课程包括思想政治理论、大学英语、大学语文、劳动教育、体育、安全教育、职业发展规划、就业指导、大学生心理健康教育、创新创业教育、大学美育、应用文写作、演讲与口才、人工智能与信息社会等。

公共选修模块课程是为拓展学生素质与能力，增长知识与才干，彰显个性与特长，提高文化艺术修养等目的开设的。课程方向主要集中在中华优秀传统文化、文学艺术与美育类、历史文化类、人工智能与科学技术等方面。

其中中华优秀传统文化、大学美育、四史为必选课程。各专业根据实际情况，在人工智能、大数据、智能制造中再选择一门为必选课。

素质拓展模块课程即第二课堂，主要以网课的方式开展学习，可供选择的课程很多，比如影视鉴赏、中国古建筑欣赏与设计等，每位学生在校期间应获得 9 个学分的第二课堂学分。

在专业群课程体系里，各专业共性知识体系中的人文素养课程基本上涵盖了公共基础的所有课程，也就是前面所说的"底层共享"中的通识模块课程。除此之外，工科类专业还要开设高等数学必修课。因此，工业设计和数字媒体技术专业学生还要学习高等数学。

3.2.1 人文素养知识

教育部原副部长周远清同志指出："素质包括四个方面：思想道德素质、

文化素质、业务素质、身心素质，其中思想道德素质是根本，文化素质是基础，业务素质是本领，身心素质是本钱。"这里所说的文化素质即人文素养，是最基础的素养，主要是指人们在人文方面所具有的综合品质或达到的发展程度。是人们在自身基本素质的形成过程中，将人文知识经过环境、教育、实践等途径内化于身心所形成的一种稳定的"内在之物"，受知识、理想、信念、情感、意志、能力等诸多因素的影响，不断通过后天培养形成的关乎人类各种文化现象方面的素养，是人的素质结构中的高级层次，体现的是人的内在精神与价值意识，是人相对稳定的内在品质。

开展人文素养课程学习的目的是引导学生学会做人，学会做事，包括正确处理人与自然、人与社会、人与人的关系；学会生存和发展，包括正确对待因自身心理、情感、意志等方面所带来的问题，促使形成良好的道德品质和精神面貌，进而升华为崇高的人文精神，沉淀为永不褪色的民族精神。

正如钱源伟教授所说："一个没有人文精神自觉意识的人，即便是满腹经纶，也只是个知识的储存器而已。"

有着丰厚的人文素养的人一般表现为兴趣广泛、心理健康、情趣高雅、豁达自信、谈吐文明，追求较高的生活和工作品位，充满工作的热情，洋溢着生命的激情，闪耀着人性的魅力。因此那些人文素养更高的学生，在职场上可持续性发展的动力更强。

培养大学生人文素养的重要性不言而喻。人文素质的提高有利于大学生更好地肩负时代重任和历史使命，使他们成为党和国家需要的栋梁之材。

清华大学冯友兰先生曾说："大学教育除了给人以专业知识外，还应该让学生养成一个清楚的头脑，一颗热烈的心，只有这样，他才可以对社会有所了解，对是非有所判断，对有价值的东西有所欣赏，他才不至于接受现成的结论，不至于人云亦云。"

学生应高度重视自身人文素养的培养，认真学习相关课程，这里也提出几点建议：一是加强自己的思想道德修养，做到"勤修明笃"，即要勤学、修德、明辨、笃实；二是通过艺术—美育—文化教育培养自己的人文情怀；三是通过阅读经典书籍培养自己的人文修养；四是通过团队建设提升自己的人文素养能力；五是通过参加第二课堂或社会实践培养自己的人文素养能力。

3.2.2　专业素养知识

该课程体系中的专业（技能）课程包括专业基础平台课程、专业核心模块课程和专业拓展模块课程。而专业群里各专业共性的专业素养知识培养主要依靠对应"职业能力"建立专业课程体系。

纵向来看专业课程体系包括了专业群基础共享课程模块、专业核心课程模块和专业拓展互选课程模块。横向来看职业能力培养包括职业能力认知、职业能力形成、职业能力提升三个阶段。其中专业群基础共享课程模块对应的是职业能力认知阶段，专业核心课程模块对应的是职业能力形成阶段，专业拓展互选课程模块对应的则是职业能力提升阶段。

专业群课程模块体系架构内的专业群基础共享课程包括专业导论、造型展示模块、色彩运用模块、设计构成模块、手绘表现模块、版面构成模块、影像技术图像处理模块、素材编辑模块、调研能力模块、设计基础模块、模型制作模块、顶岗实习模块、职业素养模块。这些课程是 5 个专业学生都要学习的课程内容，也就是专业群学生必须掌握的技能。

而中层分立的专业核心课程分别划分到了各个专业，是每个专业学生必须掌握的核心能力，也就是服务于数字创意产业链上的三大岗位群的每个专业的特色。

工业设计专业的核心课程主要有产品创新设计、产品工程技术、智能交互设计和计算机辅助工业设计；广告艺术设计专业的核心课程包括广告设计、全媒体产品设计运营、生产项目实训、企业形象设计、包装设计；数字媒体技术专业核心课程有三维软件基础、用户界面设计、后期合成、游戏引擎基础、虚拟现实应用技术；室内艺术设计专业核心课程包括居住空间设计、装饰材料与施工工艺、商业空间设计、室内装饰工程专题设计；环境艺术设计专业核心课程包括园林景观设计、庭院设计、植物配置设计、公共空间设计。

顶层拓展的专业拓展互选课程模块涵盖了专业群中各专业的选修课程。专业学生可以根据自己的专业特点和产业岗位能力需求来进行选择。选修课程主要包括：包装设计、UI 设计、家居设计、交互设计、3D 造型基础、版式设计、空间设计、模型制作、平面设计与应用等。

课程体系在培养学生专业能力的基础上，还要整合创新创业课程（模块），加大双创能力模块知识的学习力度。同时将"加强劳动教育""推进课程思政"有效融合于专业群课程体系中，培养德智体美劳全面发展的应用型设计人才。

课程体系的效果可以通过实践案例来展现，下面就介绍两个所完成的课程作业来印证。例如，数字媒体技术专业学生完成的生产项目实训课程作业：智能手表的界面设计实训项目，学生围绕野外冒险、女性安全、儿童智能等主题完成了项目策划、品牌设计、手表端界面设计、应用端界面设计；还包括工业设计专业学生的产品设计作品：多功能修正带、电动卷笔刀、智能插线板、电动订书机、壁挂式电动车充电机等。

3.2.3 专业拓展知识

在 2022 年北京冬奥会开幕式上，融合中国元素演绎出的波澜壮阔的中国文化画卷，使全世界感受到中国人民爱好和平的情怀和博大精深的中国文化。中国文化源远流长，那些散落在历史长河中的传统元素，诸如书法、脸谱、皮影、竹简、剪纸、汉字、茶、诗词等穿越历史长河至今仍熠熠发光。当下，许许多多设计师致力于将这些传统元素融入现代艺术设计，不仅传承了优秀传统文化还创造了富有民族韵味的优秀作品。

传统元素与现代设计融合，是设计碰撞出新意的重要途径，如下案例所示：

1. 中式服装盘扣技艺及盘扣造型的文具

2009 年"中式服装盘扣制作技艺"被上海市人民政府列入市级非物质文化遗产名录。2012 年，盘扣成功申报为"上海市传统工艺美术品种""上海市传统工艺美术技艺"。盘扣，由布条经手工折叠、缝纫、盘绕而制成，对于传统中式服装旗袍和马褂而言，盘扣不仅是起着固定衣襟作用的纽扣，更是灵魂一般的存在，每一枚盘扣都是"有讲究"的。盘扣从中国古老的"结"发展而来，而"绳结"在人们心中拥有各种美好吉祥的意义。

现代设计将盘扣造型运用在日常办公用品上，既能让人们传承盘扣技艺，同时也让盘扣传达的情怀，温暖我们日常办公生活。

2. 昆戏及昆戏衍生品

昆戏是一颗璀璨夺目的明珠，2001 年 5 月，联合国教科文组织将昆曲列为首批"人类口述与非物质遗产代表作"。

"昆戏"系列产品形象出自昆剧剧目中具有代表性的篇章。设计师挑出其中具有代表性的人物形象，进行几何化设计，使其更容易被现代年轻人接受。在人物造型上参考了人物在戏剧中具有代表性的舞台服饰、配件以及动作，制作成适合儿童审美以及满足成年人休闲摆饰功能的形象，并且在这样一系列昆曲人物造型的基础上设计了系列平面衍生品，例如明信片、马克杯、帆布包。

3. 皮影戏及多功能极简皮影书架

皮影图案与技艺是数千年来中华民族的智慧与艺术的结晶。设计师将皮影戏的形与意融入现代生活设计成多功能极简皮影书架，把皮影戏做得像一张老照片挂在墙上，既承载了书籍功能，也传承了几千年的珍贵文化。

4. 刺绣及其延伸设计

刺绣在中国源远流长，有着至少两三千年的历史，是中国民间传统手工艺之一。在古代，刺绣往往作为服饰用品的装饰，有着精巧的做工和华美的色彩。手工刺绣指纹锁笔记本大胆地将刺绣融入现代设计，给人以意想不到的惊喜。

刺绣也被一些设计师用在平面设计作品中，用刺绣工艺表现图案或文字。

5. 雕漆技艺及其产品设计

雕漆制作工序繁杂，是中国传统工艺的瑰宝。2006 年，雕漆技艺被列入第一批国家级非物质文化遗产名录。北京宫廷雕漆指纹锁笔记本在产品设计中融合了传统宫廷雕漆元素，收获了意想不到的效果。对于后继无人的雕漆工艺来说，这种创新设计既是借鉴，同时也是某种意义上的拯救，兴许能够唤起人们对传统工艺的认知。

6. 剪纸技艺及视觉传达设计

剪纸是一种用剪刀或刻刀在纸上剪刻花纹、图案的艺术创作，效果是平面的。现在设计师也可以通过电脑创作出类似剪纸艺术效果，而且可以做得更灵活、更丰富。

7. 毛笔书法与汉字艺术

毛笔书法是中国汉字特有的一种传统艺术。古往今来，中国汉字是劳动人民创造的，经过几千年的发展，演变成了当今的文字，古代长期用毛笔写字，便产生了书法。很多中国风设计作品，会直接以毛笔字作为设计的主体。汉字是世界上最古老的文字之一。汉字本身就是中国元素。现在的汉字作为一种文化元素，已经不只是沟通和传递信息的工具，更成为丰富的设计之源和审美之源。如 2008 年北京奥运会标志设计就是对书法与汉字元素的完美应用。

先是申奥标志，它的整个外形是一个"中国结"的形状。"中国结"是中国传统民间工艺品，有"四环贯彻、一切通明"之称，"结"取"连绵不断"之意。标志借用奥运五环色组成五角星形，相互环扣，象征着世界五大洲的团结、协作、交流、发展、携手共创新世纪。五星则形似一个打太极拳的人形，代表着中国传统体育文化的精髓。在这个标志中，作者加入了中国书法的"枯笔"效果，从而使得整体形象更加行云流水、和谐生动，充满运动感，同时也表达了更高、更快、更强的奥林匹克体育精神。

会徽由中国印、拼音"Beijing"、阿拉伯数字"2008"、奥运五环三个部分组成，主体部分为中国印。这一近乎椭圆形的传统中国印章图案，选择了代表吉祥的红色作为背景色，上面用篆书刻有"京"字，这一"京"字又和"文"字有所相似，寓意着悠久的中华传统文化。同时，"京"字还像一个正在向前奔跑的运动员。这一图案不但表现了运动员不断奔向终点的努力，还象征着中国人民对世界友人的热烈欢迎。会徽的设计理念中还富含"天圆地方"的基本理念，展现出崇尚自然、天人合一的哲学思想，充分结合了多种传统文化元素，向全世界巧妙地展示了中华民族深厚的历史文化底蕴。

融合中国传统元素的现代设计，既熟悉亲切，同时又新奇而特别，或许这就是创新应该有的模样。作为未来的设计师应继续深度挖掘中国的传统文化元素，传承并创新，使设计作品更具有文化气息，让艺术设计更有生命力。

【拓展小课堂】

如何制作思维导图

一、什么是思维导图

很多同学在小学、中学就画过思维导图，因为很多老师会要求学生用思维导图的方式梳理所学知识，形成关键知识点，巩固学习内容。思维导图的创始人是托尼·博赞，是他将思维导图这个发明带到工商界——进而思维导图被微软、IBM、通用汽车、汇丰银行、甲骨文、强生、惠普、施乐等多家公司采用。托尼·博赞在书中回忆，在发明"思维导图"的过程中，他曾从数学、语言、心理学等方面，甚至到达·芬奇的笔记中寻求灵感。思维导图是一个应用广泛的大脑开发工具，注重形象性和联想，但它本身不能替代创意创想。创意的产生依然依靠个人知识的积累，而非空想。思维导图产生的基础是人脑的两个基本功能—联想、归纳。思维导图的每个分支，都不再是整句话，而是归纳为关键词和小图案，都是以联想和想象的形式伸出新的"触角"。图形和色彩刺激我们的形象思维，在不同关键词间，还有表征其关联性的连线。思维导图可以无穷无尽地画下去，正如我们大脑的联想也无穷无尽一般。

二、思维导图的优势

思维导图被称为大脑的"瑞士军刀"，这个称谓和它的多功能是分不开的。思维导图对思维能力有激励作用。首先，思维导图有利于增强使用者的记忆能力，创始人托尼·博赞也被称为"记忆之父"，他开创了世界记忆锦标赛；其次，思维导图还能增强使用者的立体思维能力，尤其是思维的层次性与联想性，通过思维导图的展开过程，我们可以用文字结合图像的方式，最大可能地整理我们的思路，通过无限延展的思维导图，挖掘我们思维的潜力；最后，思维导图还可以增强使用者的总体规划能力，类似"效率手册"的功能一样，对事件和时间进行有效规划安排。

三、思维导图能培养我们的创造力

正如托尼·博赞在他的书中所说，思维导图是放射性思维的自然表达，是一种非常有效的图形技术，是打开思路、挖掘潜能的钥匙。思维导图能通过多种方式培养创造力。

（一）鼓励更多想法。创意的过程需要短时间内迸发出更多创意，然后进行筛选，从这个角度看，思维导图和头脑风暴有着共通之处，并且可以共用；

（二）刺激右脑。思维导图通过色彩、图像等方式呈现，而图像更容易激发发散性思维，有助于右脑的形象思维；

（三）鼓励联想与想象。联想和想象是广告创意思维的常用途径，思维导图以关键词连线的方式，打通不同领域，鼓励各种相关联想和发散想象；

（四）有助于整理创意。与普通文字记录相比，思维导图更形象具体，有利于创意人在创意联想后整理自己的思路，以及创意人之间进行顺畅沟通。

四、思维导图创建方式

（一）手绘，借助彩笔、签字笔等书写和绘图工具创建思维导图。

（二）借助电脑安装相应软件后即可进行。

（三）利用各种电子终端，如智能手机、平板电脑等。目前，市场上已有多种思维导图软件及应用。

接下来我们具体讨论创建思维导图的方式。

其实无论是手绘还是借助软件，思维导图在本质上毫无差别，只是在视觉效果上稍有差异，最重要的还是头脑当中的内容。思路越清晰，思维导图就能做得越快、越好。手绘的优点是更直接、更方便且容易执行，不足是不太好修改，视觉效果稍显零乱，边际有限；思维导图软件输出结果比较统一，存储方便，对于层级较多的导图，可以分级或自由伸展，不会出现边际不够的情况，不足是不够直接、方便。但是掌握手绘草图的表现方式非常重要，因为在进行创意设计时，手绘思维导图能快速把想法呈现出来，最后想以电子效果呈现，也可以在手绘的基础上整理后，通过电脑进行处理并输出。

五、手绘思维导图的步骤

（一）准备的工具

A4 大小白纸一张、彩色水笔或铅笔。

（二）手绘步骤

1. 从白纸的中心开始画，周围要留出空白。

从中心开始，让大脑的思维能够向任意方向发散出去，以自由的和自然的方式表达自己。

2. 用一幅图像或图画表达你的中心思想。

"一幅图画抵得上上千个词汇"，图画可以让人充分发挥想象力。一幅代表中心思想的图画越生动有趣，就越能使人集中注意力，集中思想，让大脑更加兴奋！

3. 绘图时尽可能地使用多种颜色。

颜色和图像不一样能让大脑兴奋。它能让思维导图增添跳跃感和生命力，为创造性思维增添巨大的能量。此外，自由地使用颜色绘画本身也非常有趣！

4. 连接分支。

连接中心图像和主要分支，然后再连接主要分支和二级分支，接着再连二级分支和三级分支，依此类推。大脑都是通过联想来工作的，把分支连接起来，会很容易地理解和记住更多的东西。这就像一棵茁壮生长的大树，树杈从主干生出，向四面八方发散。假如主干和主要分枝、或是主要分枝和更小的分枝以及分枝末端之间有断裂，那么导图就无法流畅地传达信息。记住，连接非常重要！

5. 用美丽的曲线连接，永远不要使用直线连接。

大脑会对直线感到厌烦。用曲线连接分枝，就像大树的枝杈一样，更能吸引你的眼球。曲线更符合自然，具有更多美的元素。

6. 线上注明关键词。

思维导图并不完全排斥文字，它更多的是强调融合图像与文字的功能。关键词可以使思维导图更加醒目和明晰。每一个词汇和图形都像一个母体，繁殖出与它自己相关的、互相联系的一系列"子代"。思维导图上的关键词就像手指上的关节一样，假如思维导图缺少了关键词，就像缺乏关节的手指一样，如同僵硬的木棍。

7. 尽可能地使用图形。

每一个图像，都相当于一千个词汇。所以，假如你的思维导图里仅有 10 个图形，就相当于记了一万字的笔记，所以，尽可能地使用图形。

七、注意事项

对于初学者而言，绘制思维导图需要注意几点：

（一）大胆绘图，思维导图不是比拼美术功底，而是为了用图像激发脑中的创意。

（二）练习时可以尝试各种不同的方式，比如在规定时间使用更多创意和同一题目绘制多个思维导图，熟悉绘图工具后找到自己最惯用的方式，更自如地用思维导图记录和表达创意。

（三）可以通过绘制思维导图，分析自己的思维，还可与别人进行比较，方便找到自己思维中的"惯性"，有意识地修正调整。

（四）对于创意想象，可以先不设定任何限制，直接进行创意想象，然后逐渐变为给自己设定方向，或者设定特定的思维方式，以挑战更与众不同的创意方向。

（五）思维导图可以结合后续的逆向思维、加法、发散思维等多种训练进行。

（六）手绘思维导图的方式可以和思维导图软件结合起来，最适合自己的方式才是最好的。

（七）思维导图的工具不仅可以用在创意方面，还有帮助记忆、计划行程、记录笔记等多种用途。

第 4 章 | 设计与学习方法

4.1 树立终身学习观

我们了解了数字创意设计的知识结构，对岗位群专业人才培养目标、各设计专业共性知识体系也有了一定的认识，在一定程度上也了解了自己的专业在产业中的作用、在大学里要学习的课程模块等信息。接下来就要思考大学里要如何学，即设计和学习的方法。

树立终身学习观是社会每个成员为适应社会发展和实现个体发展的必要条件。我们常说的"活到老学到老"或者"学无止境"就是朴素的终身学习思想。终身学习具有终身性、全民性、广泛性等特点。终身学习启示我们不仅要使学生学会知识，更重要的是培养学生养成主动的、不断探索的、自我更新的、学以致用的和优化知识的良好习惯。

终身学习的意义在于使我们能够克服工作中的困难，解决工作中的新问题；满足我们生存和发展的需要；获得更大的发展空间，更好地实现自身价值；充实我们的精神生活，不断提高生活品质。古人云："吾生而有涯，而知也无涯。"人的生命是有限的，而知识是无限的，面对浩瀚的知识海洋，我们应该抓紧时间努力学习，并且让学习活动伴随人的一生。当今时代，世界在飞速变化，新情况和新问题层出不穷，知识更新的速度大大加快。人们要适应不断发展变化的客观世界，就必须把学习从单纯的求知转变为生活的方式，努力做到活到老学到老。

习近平总书记曾指出："大学阶段是一个不断充实自己基础知识的阶段。学工的人、学理的人，还要学习人文社科方面的知识；学文的人，也要掌握一些自然科学方面的知识，这样才能做到触类旁通和融会贯通。我们正处于不断学习、永远学习的时代，每个人都要终身学习，所以要抓住这个时间打好基础，否则很快就会坐吃山空。"习近平总书记早在2013年与各界优秀青年代表座谈中就指出："青年人正处于学习的黄金时期，应该把学习作为首要任务，作为一种责任、一种精神追求、一种生活方式，树立梦想从学习开始、事业靠本领成就的观念，让勤奋学习成为青春远航的动力，让增长本领成为青春搏击的能量。"一个对生命与知识关系的认识与对青年成长的寄语，道出了终身学习的实质。

知识经济时代，面对我们的知识、能力、素质与时代要求还不相符合的严峻现实，我们一定要强化活到老学到老的思想。一个人必须学习一辈子，才能跟上时代前进的脚步。

　　"立志"是终身学习的前进动力。人无志不立，非立志无以为君子。志就是人生目标，唯有树立了人生目标，我们才会知道自己要向哪里走。学习必须落实到个人，即个体要主动地发挥理性的力量，充分利用社会提供或自身寻求的学习资源，坚持终身持续不断地学习，以适应社会的需要和实现自身的发展。

　　我国著名的科学家、教育家钱伟长先生认为要坚持终身学习，首先要解决好学习动力问题。因此他主张"个人奋斗"，强调"人贵立志，学贵以恒"，立了志，学习起来才有动力、才有毅力、才会发奋、才会持之以恒。立志是学习动力的源泉。作为一个新时代青年，应该学会把握时代的脉搏，面向未来，立振兴祖国之志，立自我成才之志，还要逐步培养和树立自己的专业方面的志向和理想。有了远大的志向抱负，就有力争上游、奋斗成才的强大动力。

　　"勤奋"二字是终身学习的精神境界。要想学习有所收获，必须付出艰苦的努力。钱伟长先生指出，干任何事情都要得法，得法才能达到预期目的。在学习上懂得了"勤奋"，做到了"努力"，也还必须得法。这个法很简单，就是要"弄通"，要"理解"，切不要死记硬背。死记硬背的东西是没有用的，也是不可能记得牢的。

　　"学贵以恒"是终身学习的成功要诀。学习的过程是"时间——量化——积累"的过程，马克思主义哲学认为，量的积累会带来质的改变，因而在学习过程中必须讲究"足量地构建优秀"。毛泽东在湖南第一师范学校学习期间，曾写一联："贵有恒，何必三更眠五更起；最无益，只怕一日曝十日寒。"把读书要持之以恒、循序渐进的道理说得透彻明了。爱因斯坦总结自己获得伟大成就的公式是：$W=X+Y+Z$，并解释 W 代表成功，X 代表刻苦努力，Y 代表方法正确，Z 代表不说空话。提高学习效率并非一朝一夕之事，需要长期的探索和积累。

　　"善于合作"是终身学习的生存理念。钱伟长先生认为，合作精神主要体现在两个方面：一是要有奉献精神，即"献身祖国、献身科学的精神"。二是要有善于合作的方式，"要会爬人家'肩膀'，也要给人家爬'肩膀'"。"肩膀"指的是已经取得的学习和研究成果。要把你的东西忠诚地拿出来给人家当肩膀用，你可以站在人家的肩膀上去，人家也可以站在你的肩膀上去。

　　终身学习要有正确的实践方法。钱伟长先生联系自己教学和科研的实际，从以下三方面阐述了终身学习必须把握的观念和基本关系。自主性学习——把握理解和记忆的关系，做到真正弄懂；反思性学习——把握全局和局部的关系，做到善于归纳；创造性学习——把握学习和应用的关系，做到学用贯通。

4.2 体验式设计方法

所谓体验，即"以身体之，以心验之"。心理学对体验的定义是，"体验事实上是当一个人达到情绪、体力、智力甚至是精神的某一特定水平时，意识中产生的美好感觉"。它是主体对客体的刺激产生的内在反映，内心的情感也会受到外部的刺激，共同构成体验。体验一词有三种解释：一是亲身经历，实地领会，说的就是要在实践的过程中亲自认识事物；二是指通过亲身实践所获得的经验，也就是经历过已获得的认识；三是体察、考察，即对事件的实地考察验证。在汉语的日常用语中，当我们说"这事儿我知道""这事儿我有经验"和"这事儿我有体验"时，其中有一种微妙的意义差别——"我知道"是对事件及其过程的整体性的了解，它的发生和它的结果是作为信息而被传递；"我有经验"意味着我对事件发生的条件，其中可能遇到的问题，应当如何去应对，由于经历过，所以可以应对；"经验丰富"意味着再次遇到此类事件可以"应对得当"，它包含着对应当采取的"行动"的预设；而"我有体验"则意味着，我不但亲身经历了这件事，而且对事件中的苦辣酸甜，对事件的细微之处，对事件的整个过程，都有"真知"。显然"体验"既意味着最直接与最真切的认识，也是最具有情感性的认识。

在人类社会经济的不断发展下，随着互联网时代和知识经济时代到来，人们的生活结构产生了巨大变化。外部物质世界的压力不断施加给人类，快节奏的生活使人们逐渐感到疲惫，人们由机械的工作转向关注自身。这表现在人们开始重视实践，重视生活和体验带来的感受。这一体验包括了对生活、对工作、对交往、对商业活动等种种方面，总体说来就是整个生活方式的改变。在这一生活方式变化的趋势下，衍生出了体验经济与体验式设计的概念。

什么是体验式设计？"体验式设计"的概念最早来源于谢佐夫的著作《体验设计》，书中给出了这样的定义："体验设计是将消费者的参与融入设计中，是企业把服务作为'舞台'，设计作为'道具'，环境作为'布景'，使消费者在过程中感受美好体验的设计。"在这里设计不再单一地指代某一个局限的设计领域，而是指整个活动的过程设计。它可以指代一个小的产品设计，也可以是整个品牌的策划。对这些领域来说，体验的加入是一个必然趋势。可以说，好体验带给人的是更加深刻和持久的记忆与印象。

因此体验设计旨在为人们提供丰富的生活体验过程。在设计的产品或服务中融入更多人性化的东西，让人们能更方便地使用，更加符合人们的操作习惯。可以简单地概括为：通过体验感知让参与者在行为活动的过程中建立起一种认同感。

体验式设计拥有丰富的内涵。体验设计是随着市场经济时代的到来而诞生的设计理念，美国经济学家约瑟夫·派恩在他的《经验经济》一书中这样阐述，"体验以服务为核心，以商品为支柱，创造出值得消费者回忆的体验过程"。它的出现不仅深化了设计内涵，扩展了设计范围，成为设计理论研究的热门话题，还广泛应用于其他方向的设计实践中。由此可知体验式设计是主体对客体的领会、感知以及体验过程的强调。与其他设计理念相比，体验设计是体验主体和设计师感知的创新，通过对体验设计参与者的感知和基本特征的深入探索，可以揭示其本质。

体验式设计方法是多样的。施密特体验模式分为感官体验模式、情感体验模式、思维体验模式、行动体验模式、关系体验模式。体验分类的层级随着人类的需求是逐层递进的。也就是说，在体验的过程中，不同级别的体验给人带来的影响是有所差距的，越是高级别的体验给受众带来的影响也越深。但体验式设计方法均是以消费者为中心。

体验设计本质上就是一种"沟通"，即品牌与顾客之间不仅需要物质上的交换，还要精神和情感方面的交流沟通，从而实现全方位的沟通。品牌体验设计首先要满足顾客的物质需求，设计出令顾客满意的商品，同时要把他们的体验需求考虑到设计中去，给消费者带来不同感受的体验，通过提升消费者在每个接触点的体验感受，可以更好地让消费者享受到品牌所带来的价值。

体验式设计助力我们直接用知识进行发现和实验，而不是听或读别人的经验。

美国著名哲学家、教育家杜威认为：最好的教育就是"从生活中学习""从经验中学习"。

学习体验式设计方法有两个必要性。一是在设计作品时要以用户为中心，通过作品与用户产生精神和情感方面的交流沟通。因此将消费者的体验需求考虑到设计中去，这样能给他们带来不同感受的体验，也可以使他们享受到产品所带来的价值。特别是在当前智能化、信息化发达的时代，随着人工智能、虚拟现实等技术的涌现，人们不再满足于单一需求，而是在使用产品时追求各种感官的体验需求。二是可以通过考察调研、案例实践、模拟项目、角色转换等形式开展体验式学习。最好的学习在现场、在市场、在实际环境中。因为很多的落地细节，只有处在实际的环境中才能体验到其真实性和准确性。同时还要多角度地去思考问题，学生既是设计师，又是消费者，还要站在企业或品牌方的角度去思考设计，只有通过体验产生共鸣，感知用户需求，才能设计出有价值和有市场需求的作品。

俗话说：设计来源生活。要求我们应从实践中学习，从生活中取经，求真务实，设计作品要充分考虑用户的体验感受。比如在进行广告创作时多考虑互动类广告。在进行产品设计时要考虑智能化的产品设计，满足用户的体验感受。保持敏锐的眼光和创作活力，这些都是设计师成长路上的法宝。

4.3　跨学科团队合作学习方法

在传统教学中，学生已经习惯于知识接受者和技能重复者的角色定位，这严重阻碍了学生独立学习和自主创新能力的培养。在此提出翻转课堂结合 TBL 学习法的人才培养模式。

（1）以学生为中心，注重其综合素质及能力的培养。突出学生的主体性、强调主动学习和团队合作，不仅有利于学生对专项设计技能的深刻理解和掌握，更提高了学生对实际问题的分析和解决能力，以及团结协作等能力。

（2）讲授法结合讨论协作法，确保教学目标的完成。老师通过课前设定的问题来控制教学内容，避免了课堂问题过于分散，学生学习目标不明确的问题；由于相对容易操作，更易提高学生的自信心与求知欲。

（3）TBL 学习法帮助学习小组成员将学习的高效性与以讲座为导向的大组学习的系统性相融合，增强了学生的自主学习的意识，提高了实践应用等能力，达到更加有效的学习与教育目的。

学生可以充分利用在线教育资源，养成自主学习的良好习惯和解决问题的能力。团队小组的深度学习的目标与翻转课堂结合 TBL 法的教学模式在本质上是相契合的。以团队合作互助为中心，倡导以问题学习为基础，以翻转课堂结合 TBL 学习模式为依据，组建跨专业团队协作的若干学习小组。

针对若干学习小组的 QQ 平台发布学习任务，由小组长引导组员通过 QQ 群进行有效交流与讨论，在每门专业课程开课前以在线形式明确教学内容，使整体技术要点并形成问题。

（4）课堂前安排。以每班 30 人为例，分为 5 个学习小组，每组指定 1 名有责任心、组织协调能力较强的学生为组长，负责督促、安排、汇报等工作。老师提前 1 周公布教学内容，上传 PPT 课件和视频学习资料，督促学生观看学习，并向学生提出具有引导性的问题。例如：针对讲解章节提出相应问题，并发放电子实验报告本。带着这些问题，小组长组织小组成员通过教学视频、PPT、互联网等获取相关内容及知识，掌握重点和难点，并讨论教师所提出的问题，得出小组的答案；最后撰写汇报报告并提前 1 ~ 2 天提交，教师归纳、总结报告中存在的主要问题，并于课上作出相应解答。

（5）课堂实施阶段。翻转课堂有利于加强师生交流、加快知识消化，有助于学生进行知识的实际应用和信息汇总。教学过程为：①以 PPT 形式汇报分享结果 10 分钟；②由小组长主持并开展讨论 10 分钟。针对 PPT 汇报中的知识点进行论述与问题解答，各组再展开讨论，进而达到培养学生团队互助协作的能力；学生间的相互讨论会激发创新意识和能力。若学生偏离主题，教师应适时引导、并协助解决。学生提出见解，评价自我，修改完善，形成小结，从而进一步获取新的理论知识。③教师在学生讨论后进行总结，形成共识，并对共性问题作答，其他问题指定理解较好的团队互相配合解答，大约 30 分钟。④总结、测试与评价 10 分钟。同学之间针对发言的主动性、参与的积极性、分析问题和解决问题等实践能力，进行互评。⑤学生专项素质，设计技能等实践练习 20 分钟。⑥课后学生完成教学实验报告，并在规定时间内线上提交实验报告。

（6）评价阶段。评价系统由两部分所构成：个人成绩（测试得分 + 实验报告得分）×50%+ 团队成绩（小组汇报得分 + 实验设计报告得分 + 解答其他团队问题得分）×50%；课程结束后，计算"评价成绩"的均值，以 20% 的比例计入实验组学生的期末成绩之中。

4.4　案例实践方法

案例学习法是最容易快速掌握知识的学习方法，是能达到良好学习效果且行之有效的学习方法。进行艺术设计案例学习的目的就是更好地了解这个行业的实际操作过程，让学生在一个真实的环境或者一个模拟真实设计制作的环境中促进学习。

目前，很多学校的设计专业，都采用本专业教师编写的设计真实案例来进行教学。还有些学校建立起一条直接输送同学们到企业的桥梁，根据工作岗位的现实要求给学生安排实训课程和作业，让学生提前面对本专业的用工要求，这样做既可以缩短面向就业培训的时间又减轻了学生就业的压力。

设计专业属于艺术与商业化的结合。以广告专业为例，广告设计是将图像、文字、色彩、版面、图形等广告元素，结合广告媒体的使用特征，在计算机上通过相关设计软件呈现广告目的和意图，进行平面艺术创意的一种设计活动。

这种活动也是一个比较复杂的过程，通过案例教学实践方法能更好地引导学生进行学习，使学生在专业上得到进一步提高。具体来说案例教学优势体现在以下几个方面：

1. 突破单一的教学环境

在教学实训方面提供的环境还存在很多的局限性，缺乏真实环境的体验感，而通过真实案例的实践练习，可以给学生带来真实工作岗位环境的体验感。

有些学校实行校企合作，在实训周安排学生入企实训，尽量让学生有机会了解企业公司的工作过程以及企业内部环境。

在校企合作过程中，学生在实训实习的场所承担真实设计项目，体会工作的成就感和对职场的体验感。随着社会生产力的提高，公司企业对设计师或设计人员的需求日益增加，比以往更希望学校在实习生的输送方面给予更多的交流合作。但如果学生没有真正的实践经验，就难以担当起直接面对社会设计产品的重任。因此，对于公司企业来说，自然希望学生去企业进行实习前就已经拥有案例实践经验与专业知识技能储备。

案例实践项目给予学生去关注课外的社会热点、市场焦点等书本上学不到的知识内容的机会，设计项目的最终完成也是在市场环境中实现的。在生活中就有很多的设计作品在我们身边。例如，电视上的广告、商业大厦的广告牌、候车亭的广告作品等。这些需要平时多观察，同时也需要学校有计划地组织学生到社会市场环境去进行调研和观摩学习。

2. 适应现代教学体系改革

为适应当前社会发展形势的要求，以前的教学案例都仅仅服务于简单的操作练习。然而经过社会反馈，只有让学生学习真实的案例才能让学生在真正的设计岗位环境中达到设计制作的要求。因此在现在的设计教学过程中，应该采用一套完整的课程教学体系来促进该课程的进一步发展，根据每一个老师的教学方法特点进行个性化教学，建立教学分层评价系统。这样可以根据学生知识水平或技术水平的差异，按照相同实际设计案例的不同完成程度进行分离式多层次评价，这样做更有利于提高学生学习的积极性。这种多层次评价可以让学生学习单个或多个实际案例，这样就能够根据学生的自身能力来进行操作。通过这个体系，可以促进艺术设计案例教学的进一步发展。

每一门课都有它产生的社会因素，艺术设计课程同样也经历了不断完善的一个过程。特别是与社会的实际需求相结合，相关专业的教师在课程改革上也煞费苦心。随着艺术设计课程案例教学的不断深入，教学模式将会进一步完善。当前艺术设计课程的案例教学，还不能完全满足当前高等职业教育现阶段的发展形势，现在的案例教学中，越来越强调案例的真实性。虽然当前设计行业不断飞速向前发展，但案例教学还需要进一步地探究。随着社会和教育事业的不断向前发展，课程改革的不断深入，在当前的教育活动中，需要发挥我们在教育教学中的引领作用，不断地去发现、不停地去创造，让知识教育的体系更加完善，让艺术设计的课程资源更加丰富，职业教育也将迎来自己不断的新发展。

【拓展小课堂】

如何使用"头脑风暴"的学习方法

头脑风暴是学习集体创意的工具，可以让每个人产生富有创意的想法，使人们无论是在个人生活还是在实际工作中实施这些创意，并从中受益。而这些超乎想象的创意与智商并没有任何关系。以上这一段话出自《头脑风暴》一书。在设计行业中，头脑风暴一般是用在创意发想阶段，它用来提高设计效率，让设计师在最短的时间内想出最多的点子。俗语说"三个臭皮匠，赛过诸葛亮""众人拾柴火焰高"，而这个方法最有魅力之处，就是通过团队中各个"点子"互相碰撞，相互启发，从而产生更多的灵感。在创意思维领域，这种 1+1>2 的做法也是创意思维的规律之一。

头脑风暴法简称 BS 法，又称智力激荡法、脑力激荡法、自由思考法，是由美国创造学家奥斯本于 1939 年首次提出。此法经各国创造学研究者的实践和发展，已经形成了一个发明技法群，如奥斯本智力激励法、默写式智力激励法、卡片式智力激励法等。头脑风暴法指一组人员运用开会的方式将所有与会人员对特殊问题所提出的建议聚集起来以解决问题。头脑风暴是由广告人所发明，但远远不止是广告人所专用。事实上，这个方法在企业管理、技术开发、投资决策等其他领域也得到了广泛的应用。

实施头脑风暴有四条基本原则

原则一：自由畅想原则

与会者自由畅谈，任意想象，尽情发挥，不受常识和已知规律的限制。鼓励人人参与，每个人和每个观点都具有价值，同时还可以在他人观点的基础上提出新的见解。

原则二：严禁评判原则

对别人提出的任何设想，即使是幼稚的、错误的、荒谬的、夸张的都不允许批评。不仅不允许口头批评，就连怀疑的笑容、神态、手势等形式的隐蔽的批评也不允许，甚至也不能进行肯定的判断，以免其他与会者产生失落感，造成"已经找到圆满答案而不值得深思下去"的错觉。

原则三：谋求数量原则

与会者要在有限时间里尽可能多地提出想法，提出的想法越多越好。为了让更多人提出设想，可以限定每个设想的时间不超过 2 分钟，出现冷场时，主

第 5 章 | 设计专业与活动开展

5.1　设计 + 社会服务

"为人民而设计"，即坚持艺术与技术并重、学术与公益并重。作为当代设计专业的大学生，理应积极参与创新设计，用专业知识服务社会，拓展国际视野，培养团队协作精神，成为未来社会的主力建设者。

设计是科学与应用、技术与生活、企业与市场、生产与消费之间的桥梁，是促进经济增长的工具。在当今世界经济中，制造业和服务业占有重要的地位，而在这两个产业中，需要生产、设计和销售三个环节的紧密配合。而设计便是平衡、协调各种制约因素，使消费者与生产者的利益达到均衡，将我们生活按照美的规律进行造物的活动。

设计的主要目的是解决问题，这也是其服务于社会的基础方式。对设计而言，首先要解决的问题便是抓住目标用户的具体需求，或者发现潜在需求，从而真正帮助用户解决相关问题。而在这个过程中，设计者通过设计解决了现实中小到个人，大到世界所存在的某种问题，最终实现了设计的真正意义，这一整个流程正是设计服务于社会的最好证明。同时设计师运用设计方法和手段帮助用户及利益相关者找到新生活方式，这不仅有助于从生态角度探索可持续生产与消费，还扩展了设计的社会功能与伦理价值。

设计是艺术与科技的结合，所有的设计结果都服务于社会和人，这是设计类专业实践教学的本质特点。设计类专业应以设计实践为主线，做好高等教育与服务区域文化之间的整合，为地方培养服务于本地的人才，承担起促进地方产业发展和地方行业人才储备的责任。要充分认识本地区地域文化特色和社会经济特点，结合设计专业自身的特点和实践优势，确定和构建本地域社会服务模式。从地域自身发展实际情况入手，承担自己力所能及的社会职能，最大限度地发挥让设计走向生活，服务国民便利生活的功能。

什么是"为人民而设计"呢？"为人民而设计"是以立德树人为核心，通过植根生活的创作、服务民生的设计、源自田野的调研和紧密对接日常生活的创意，传递积极的人生追求和思想引力，推动社会主义核心价值观日常化、具体化、生活化，这些已在全社会形成共识。

我们的设计专业群建设要紧扣设计为人民服务的核心，培养设计师的社会责任意识，关注以人为本、为福祉而设计，让学生在感受我国产业经济快速发展的同时树立制度自信和文化自信，契合国家建设战略性、创新性、系统性、开放性的专业发展目标。

5.1.1　大学生公益服务精神培养

公益服务精神的培养应包括以下几个方面。①敬业精神的培养。公益精神是公益主体基于一定的关怀和利他意识而面向特定社会群体或人类发展共同关注问题的一种心理态度、价值观念和人格品质。对于在校大学生来说，树立公益精神理念的第一步是敬业精神。"敬业"就是"专心致志以事其业"，就是用一种恭敬严肃的态度对待自己的职业和工作。大学生的本职工作是学业，要有明确的职业追求，本着朴素的价值观、忘我投入到自己的个人志趣中去，用认真负责的态度，从事自己主导的各项活动。②思想政治的教育。思政教育一方面关乎社会政治、民族大义；另一方面是在培养学生社会责任感、良好行为模式、积极向上的生活态度、踏实勤进的工作作风等。③人文素质的教育。中国传统文化影响深远，我们一向重视大学生的人文素质教育。所谓"勿以善小而不为，勿以恶小而为之"，以向善之心，鼓励学生向"榜样"学习，"施恩不图报"几十年如一日坚持做力所能及的善事。④积极参与公益活动。

5.1.2　大学生专业技术能力培养

就专业技术能力而言，除创新能力以外，大学生也要有扎实的技术能力，所以要尽可能对各类知识做到熟练掌握。例如，在过去的几年里，重庆工业职业技术学院的设计专业学生在专业教师的带领下，积极参与"设计服务乡村振兴"计划，如对武隆后坪乡白石村、酉阳县楠木乡红庄村、板溪镇山羊村进行了服务对接。通过把项目引入毕业设计课程，在教学项目中完成各项学习任务。学习任务包括品牌设计与推广、特产包装设计与制作、网页设计与制作、电商平台推广、产品设计等。从前期与客户沟通到调研，从创意设计到制作，学生以专业工作人员的身份服务于各个工作岗位。通过项目实施，同学们对国家政策和战略定位有了更深入的了解，能深层次感受用户需求，从人文关怀和生活需求角度理解和共情于用户，以设计之美实现了"设计为人民服务"的初衷，有效发挥了设计服务于社会的作用。

"乡村振兴"是一个长期的过程，针对帮扶的对象，学生提供专业支撑，可以创造出可观的经济价值及社会价值。

5.2　设计＋学科竞赛

目前而言，设计类学科的专业赛事非常多，在此以由教育部认定的学科排位赛事来举例。

5.2.1　全国大学生广告艺术大赛（简称"大广赛"）

作为有较大社会影响力的全国性高校文科竞赛。自 2005 年至 2022 年，大广赛已成功举办了 14 届共 15 次赛事，全国 29 个赛区共有 1 869 所高校参与其中，超过百万学生提交作品。大广赛是全国规模最大、覆盖较广、参与师生人数较多、作品水准较高、受欢迎度较大、有较大社会影响力的全国性高校文科竞赛。

参赛作品分为平面类、视频类、动画类、互动类、广播类、策划案类、文案类、营销创客类、公益类九大类。大广赛整合社会资源、服务教学改革，以企业真实营销项目作为命题，与教学相结合，真题真做，要求参赛者了解受众，调研分析，提出策略，在现场提案的过程中实现教学与市场的关联。在大广赛平台上，实现高校与企业、行业交互，线上与线下联动，既让学生实践能力得以提升，同时也让企业文化与当代大学生所学专业课程相融，强化了创新创业协同育人的理念。

5.2.2　未来设计师·全国高校数字艺术设计大赛（NCDA）

该大赛始于 2012 年，每年举办一届，截至 2022 年已连续举办十一届。作为一项高规格、高水平的全国性专业赛事，该赛事入选中国高等教育学会发布的《全国普通高校学科竞赛排行榜》，是高校教育教学改革和创新人才培养的重要竞赛项目之一，具有广泛影响力。每年有近 1 800 所高校的 100 多万人次参赛，包括 985 高校、一流大学和知名设计院校。比赛设"非命题""公益""命题""创新创业"四个赛项，内容涵盖了人工智能＋设计、视觉传达、数字影像、交互设计、环境空间、造型设计、时尚与服饰、数字绘画、数字音乐等多个领域。

5.2.3　中国好创意暨全国数字艺术设计大赛（英文名为 China Creative Challenges Contest，简称"3C 大赛"或"中国创意挑战大赛"）

该赛项是一项入选教育部中国高等教育学会发布的《全国普通高校学科竞赛排行榜》的赛项，也是我国数字艺术设计、数字创意及数字媒体数字技术创新领域各专业综合类规模大、跨学科、参与院校多、影响广的权威赛事。大赛旨在落实国家数字创意产业远景规划，转化高等院校原创知识产权，深度挖掘、选拔和推广中国创意界的精英人才和优秀作品。

5.2.4 两岸新锐设计竞赛·华灿奖

该赛事入选教育部中国高等教育学会发布的《2020 年全国普通高校学科竞赛排行榜》赛事，"华灿奖"采用校赛、赛区赛和全国赛三级赛制。获奖设计师将受邀成为"华灿（昆山）设计中心"会员，并有机会免费入驻"华灿工场"众创空间（北京、成都、珠海、昆山四地）。获奖设计师亦可获得华灿工场提供的创业服务，包括虚拟注册、创业辅导、投资孵化以及市场对接等服务。获奖作品及设计师还将有机会入选组委会"重点项目推荐计划"中，利用平台推荐，实现市场转化。该赛项提供设计师创业的孵化平台，扶植资助青年设计师实现自己的设计方案并制成样品，创造设计价值。

5.2.5 中国国际"互联网＋"大学生创新创业大赛

中国国际"互联网＋"大学生创新创业大赛由教育部等十二部委和地方省以及政府共同主办。大赛旨在深化高等教育综合改革，激发大学生的创造力，培养造就"大众创业、万众创新"的主力军；推动赛事成果转化，促进"互联网＋"新业态形成，服务经济提质增效升级；以创新引领创业，创业带动就业，推动高校毕业生更高质量创业就业。大赛采用校级初赛、省级复赛、全国总决赛三级赛制。在校级初赛、省级复赛基础上，按照组委会配额择优遴选项目进入全国决赛。目前大赛已经成为覆盖全国所有高校、面向全体高校学生、影响较大的赛事活动之一。

5.2.6 米兰设计周 - 中国高校设计学科师生优秀作品展

该作品展是由中国教育国际交流协会、中国高等教育学会联合发起并主办于 2016 年至 2019 年期间，由中国教育国际交流协会 AAP 项目管理办公室负责具体承办的国际交流项目，旨在利用每年于意大利米兰举行的米兰设计周（暨米兰国际家具展）这一国际知名的设计行业盛会，搭建一个展示全国高校艺术设计专业师生才华与水平的国际化交流学习平台。活动面向全国高等院校艺术、设计专业师生开放作品征集投稿，至 2022 年该作品展已成功举办了 6 届，总计收到全国近 800 所高校师生的 10 万 5 千余件作品，其中在米兰展出优秀作品 1 200 余件。为服务作品展进行作品征集和筛选所举办的"米兰设计 - 中国高校设计学科师生优秀作品展"主题竞赛活动作为竞赛项目，已入选《全国普通高校学科竞赛排行榜》名单。

5.3 设计 + 双创实践

5.3.1 双创团队过程性工作思路与设想

阶段一：认知、调研、构思

第一阶段为团队讨论。主要讨论文创产品市场需求，通过调研和案例分析，让团队为文创产品定位，完成文创产品包装、文化 IP 的品牌策划与新产销模式的初步构思方案。同时教师带领学生参与任务，熟悉任务，课后进行市场调研。分组开展头脑风暴和市场调研结果分析，设计构思讨论，逐渐清晰团队的设计方向，明确团队成员分工。

阶段二：建模、体验、研讨

第二阶段参与人员有三类，即学习者、教师和企业人员。三者的工作既相互独立又有很大交互性。学生制作产品模型，完成教学任务并对阶段性方案进行前期准备工作；每个学生须在课堂上展示产品前期的设计提案并进行讲解，师生及企业方技术人员集体讨论学生的设计提案并提出修改建议；教师以消费者视角按照设计方案对产品进行全方位体验，发现不足便与学生讨论和交流。企业技术人员作为非教师角色，由任课教师邀请加入设计组，可以从不同的立场对产品进行体验和点评，其观点可以作为整个教学活动的重要参考，企业人员在线与学生互动。此阶段为期三周，是建模（包含修改）、产品体验报告、师生观察员三方反复交流的过程。明确团队成员及相关人员"怎么做"。

阶段三：表达、展示、交流

教师成员统一教学，为学生规定出设计图纸所要表达的内容，让学生将其主要精力放在方案设计上。利用课堂教学或者毕业设计直接生成成果；图纸的主要内容有方案的整体表达、重要节点结构的不同风格材质表达、方案的创意表达和效果图表达等，每个方案都要配有二维码。在每个任务的时间节点后，进行修正评价草图，优化并调整设计方案，最后补充交流。成果汇总评优后进行 3D 打印，结合产品使用场景，进行实景产品体验。产品成果由团队在学院开展的讲座中进行演示和展示，老师和学生等共同参观设计成果，体验产品使用效果并与设计者交流互动。演示体验结束后收集师生对体验过程的反馈，让学生对本产品研发设计过程发表学习感悟和心得体会，教师对本次项目教学法的实践结果进行总结。

5.3.2 双创研究目标及方向

在当今互联网软件技术高度发展背景下，"人人有创意、人人皆设计师"

越来越成为一种可能。消费者即创作者，人人都可以创作设计作品。对此现状，专业设计团队就需要不断更新对市场的认知和不断升级产品设计理念和创意思维方式，以打造更加专业的、具有地方特色的旅游文化产品，将新产品赋予特色和人性化，使新产品在应用功能的前提下提升审美功能，打造新型的文创产品。

从国家层面来看，各级政府越来越重视文创产业发展，是由于中国社会主要矛盾已经转化为人民日益增长的美好生活需要和不平衡不充分的发展之间的矛盾。新型体验经济兴起，人们越来越不满足于产品仅有的使用功能，人们还希望产品背后有吸引人的故事和趣味性，有饱满的情感内涵，兼具备美学形式与高雅内容，即将使用功能和审美功能二者有效统一的产品。

5.3.3 双创团队建设主要分为三个阶段：

1. 团队初期形成阶段

建设初期（1~3 个月左右）能够形成一个 5~8 人的核心成员团队，并完成组建初期具体工作，工作内容包括：

召开团队筹建会，明确团队建设要求，制定团队工作规范，确立团队工作内容，明确主研技术方向以及与合作企业合作方式。

2. 团队磨合规范阶段

该建设周期（6 个月左右）内争取完成团队磨合，确定团队成员工作职责及其工作任务，确定团队年底绩效考核方案。具体来说，此阶段工作重点为让团队成员明确自己的工作职责；明确工作内容成果呈现形式；规范工作任务完成的时间节点；协调每个成员之间的工作衔接与合作方式。

3. 团队建设产出阶段

在该建设周期（24 个月左右）内，引入先进的团队合作模式如 bug 管理系统、Teambition 项目管理系统。Teambition 项目管理系统具有项目和任务系统协同功能。先进项目管理方法的引进，能够保障团队分阶段高效地执行每项任务，可以查看随时每个子任务进程，方便项目管理人对项目进度进行实时跟踪。

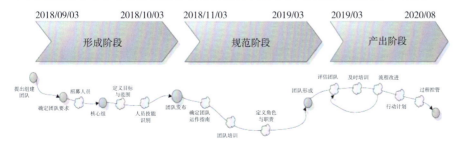

5.4 设计＋学生团体

大一新生在踏入大学校门之时，首先要面对的便是各社团纳新大会的抢人大战，也被称为"百团大战"。学校里的社团组织是非常丰富的，话剧团、合唱团、舞蹈团、篮球社、瑜伽社、滑轮社、街舞社等，但并非所有的都适合自己。大学生选择社团时首先考虑的应该是自己的长处和兴趣点。喜欢文艺的同学可以到话剧团、合唱团或舞蹈团；喜欢演讲的同学可以找到演讲协会、文学社；爱好运动的同学可以去篮球协会或者其他运动相关的社团。本节内容着重介绍 3 个适合设计类学生参与的学生团体。

5.4.1 书画协会

书画协会是一个集书画艺术、书画鉴赏、历史文化熏陶于一身的综合性文艺娱乐类文化社团。书画协会的主要职能是开展书画创作和学习，交流经验心得，定期举办书画展览，组织会员参加各种书画培训和比赛，举办校园书画比赛。如重庆工业职业技术学院的"翰墨丹香"书画大赛，同学们书写青春，展现自我；还有"华章新启，元旦送福"活动，书协成员的手写春联会送往校园的每个角落；百米长卷、情诗书写大赛、各类书画展等多种活动给同学们提供参与书画的机会，通过书画的形式，不仅能让大学生更好地感受传统文化的魅力，还能提高其审美品质、活跃校园文化艺术气氛，展现当代大学生积极向上的精神风貌。

5.4.2 摄影协会

这个组织是由摄影爱好者组成的。这个组织跨学院、跨专业，为所有摄影爱好者们提供了一个摄影沟通的平台。该社团以培养大学生摄影兴趣，丰富大学生日常生活为主旨。照片可以留住岁月的光阴，让记忆成为永恒，保存幸福、快乐、永久的记忆。每一张照片，都是时光的标本，都有着一段令人难忘的故事，摄影协会将理论与实践结合，经常组织会员参加校内外的交流活动，还会举办摄影比赛和外出采风，为会员创造良好的学习和交流机会，以提高会员的摄影水平。对于设计专业来说，摄协能更好地补充摄影技术方面的学习。

5.4.3 学生会

学生会是一个展示自我综合能力的舞台，在这里学生会参与或者组织很多活动，可以锻炼组织能力、策划能力、领导能力以及执行力。求职时，很多公司都很重视学生会工作经历。学生会的宣传部非常适合设计专业的学生进行专业实践和锻炼。

每个学校或者学院学生会都设置了宣传部，宣传部是展示创意与才华的平台，凸显社团风采与学校风貌的窗口。大型活动的海报设计和活动现场的设计布置、视频制作、PPT 设计都少不了宣传部的身影。

以下是学生会宣传部按照工作内容划分的工作小组：

宣传部手绘组：平时会完成手绘宣传海报、舞台布置、道具制作等一系列任务。动手能力强、脑洞大的同学们，在这方面可以尽情施展自己的才华。

视觉传达组：制作各种海报，设计宣传单，制作宣传视频、主题视频，用源源不断的创作灵感，呈现一场场视觉盛宴。

摄影组：瞬间定格校园倩影，记录下来的不仅仅是一张照片，更呈现学院精神风貌；每次校级活动都有他们的身影，在台前、幕后为学院增添风采，展示学生青春风貌。

网络媒体平台的运营组：负责校学生会官方微博、微信、QQ 公众号等宣传平台的日常运营维护，通过各种宣传途径在学生中开展思想引领工作，展现学生风采，宣扬正能量，在实践中践行青年理想信念。

文案组：在宣传部文案组，学生将有机会把自己对于生活学习的感想付诸文字，记录大学的生活点滴，分享轶闻趣事。

总而言之，各种各样的学生团体活动确实能够丰富专业课程学习之外的大学生活，可以大大锻炼提升设计水平、工作能力；除此之外，最重要的是收获一群志同道合的朋友，收获深厚的友谊。

【拓展小课堂】

优秀作品欣赏

民族要复兴，乡村必振兴。社会各界积极响应中央一号文件号召，设计正以其独特的优势助力乡村振兴。在各大艺术院校与设计单位蓬勃展开的乡村振兴与设计实践活动中，涌现出了许多优秀作品。

一、中国美术学院助力乡村振兴作品

中国美院的学生用农产品做海报。在中国美术学院的课堂上，杨世康同学负责用五常大米进行创作。为了直观地展现五常大米的品质，他直接用实物拼成了海报的文字部分，又通过手绘卡通小人来体现农民劳作的场景，设计出了一张活泼又可爱的手绘海报。海报做完，他把大米拿回家做了顿香喷喷的饭，本人更是被五常大米"圈粉"。在课堂汇报上，他直接做起了"代言"："做完海报之后回去烧饭吃也特别香，所以建议大家以后吃饭也要选用五常大米。"

参与设计的同学们借此真实地了解了乡村的生活文化、非遗艺术和特色农产品等，收获很多。除了这张"最香"的海报，这门课上还诞生了很多其他有设计感又接地气的海报。比如"抚松人参"，是为有"中国人参之乡"之称的吉林省白山抚松县创作的。海报的背景采用大面积黑色水墨效果以指代东北的黑土地，又将人参元素融入到了"抚松"二字的笔画里，以形入画，尽显巧思。

再比如著名的"玫瑰之乡"山东平阴的海报。海报整体呈现出刺绣的质感，象征了齐鲁地区的鲁绣，画面以玫瑰和枝干为主，而那名手持玫瑰的优雅女子则象征着山东籍词人李清照。

一张张和乡村风土人情紧密结合的海报，也成了当地的特色名片。美院学生通过手上的画笔，用艺术的力量助力乡村振兴。据了解，中国美院是首批加入乡村助农团行动的成员之一。活动中，学生为100个农产品大县进行艺术创作，致力于为乡村振兴做实事。设计不能只为消费服务，更要主动担当起社会责任。

二、设计界助力乡村振兴优秀作品

潘虎包装设计实验室出品的褚橙包装设计以其杰出创意和优良设计从激烈的竞争中脱颖而出，并获得了红点设计大奖的至高荣誉——红点最佳设计奖。自红点奖成立60多年以来，中国大陆尚无设计师凭借包装设计作品获得过该奖项，褚橙包装设计的获奖无疑是对中国包装设计的一次肯定。创立于1954年由德国历史最悠久的工业设计机构——汉诺威工业设计论坛每年定期进行评选的德国iF国际设计奖，它以"独立、严谨、可靠"的评奖理念闻名于世，被视为"设计界的诺贝尔奖"，与德国红点奖、美国IDEA奖并称为世界三大设计奖，它几乎是设计师们都想得到的最高荣誉。而褚橙包装设计一举将这全球顶级三大奖项悉数拿下，不得不佩服其背后的设计师——潘虎。他被认为是当代最有价值的产品包装设计师，被业界称为兼具美学精神和商业价值的"手艺人"。

要看懂褚橙包装设计的妙处，就必须了解褚橙背后的故事，了解褚橙的培育者褚时健的生平。褚时健老先生可以说是这个时代的中国最励志的传奇人物之一。70年代担任某国企董事长，将该企业发展为亚洲乃至世界知名企业。1999年，因经济犯罪入狱，2年后因病保外就医，并于次年开启二次创业，在云南玉溪市哀牢山承包荒山建立了褚橙庄园。枝繁叶茂的冰糖橙果林一碧千里，这是承载了风烛残年的老人东山再起的情怀之作，也记录了褚老耄耋之年仍然耕耘的日子，85岁高龄的他成为了中国年销售数亿的"中国橙王"。

在包装设计上潘虎用木刻版画的表现方式刻画了褚老的肖像徽章，每一笔都在致敬褚老。以线条记录老人的每一道皱纹，也展示了他人生的每一次沉浮跌宕。绘制过程费时耗力，易稿无数，潘虎也不厌其烦。徽章边缘隐藏的"51-62-66-71-74-84"的数字是褚老一生经历的重要时间点。褚老人生是传奇，通过绘制徽章不仅强化了传奇的符号化传播效应，也使其成为包装上的视觉聚焦点，表达出了潘虎心底对褚老由衷的敬意。

包装结构也有含义。包装采用了独特的结构设计，轻轻向外抽拉，橙子就会自动升起。既方便了橙子的取出和展示，也暗示着这位老人一生的起起落落。拉出后同时可以看见新一代褚橙人和万千果农的身影，就像是已经准备好为大家送去甘甜的橙子，也寓示着新一代褚橙人继承褚老精神，以匠心继续往前。当消费者拿到这盒橙子的时候，包装上那句经典名言，如若让能人们感受到这位老人在无常中无可撼动的精神力量，那便是褚橙包装的最大成功。伟大的品牌精神能够激发积极的情感，新一代褚橙人正在以新农人的身份，沉潜于"褚橙"事业当中，传递褚老的匠人精神，带领着褚橙走向世界。

另外，设计界还有很多专为乡村振兴而开展的设计，如农村丝瓜络再生植物育苗杯设计。在中国大多数农村地区，大量的丝瓜未能得到充分利用就被丢弃。Seeding-C 是一个以丝瓜为载体的育苗杯设计，与其他塑料育苗杯不同。风干丝瓜做的育苗杯具有丰富的丝状结构，更有利于植物的呼吸、扩展和生长。且环保绿色，符合可持续发展的理念。将纯天然生态友好型材料应用于植物种植领域，并最终回归自然。设计也启示着我们应该创造一种新的生活方式和工作方式，共同创造美好的生活。

"一砖一瓦"系列灯设计是以农村房屋瓦片、砖块为设计元素，并将这些元素运用到现代产品之中的设计。该系列产品既体现出现代产品的美感，又表达出对乡村美学的敬畏以及对淳朴生活的向往。相信以上这些案例一定会对同学们提供一些启发，乡村振兴的关键在人，尤其需要具有现代设计思维与美学修养的乡村建设者和设计者。作为设计专业学生，也应从现在做起，利用自己的专业知识与技能为乡村振兴出一份力。

第 6 章 | 职业发展

6.1 职业意识的树立

6.1.1 职业意识定义

职业意识是人在职业问题上的心理活动，是自我意识在面对职业选择领域时的表现，是在职业定向与选择的过程中对自我现状的认识和对未来职业的期待和愿望的综合反映。职业意识在很大程度上影响了大学生的择业态度和择业方式。

职业意识是大学生对社会上存在的职业的理解、评价和对自己将来从事的职业的选择偏好以及职业实践中的情感、态度、意志和品质等心理成分的综合反映，它是支配和调控大学生一切职业活动的调节器。有同学会问，刚刚进入大学，职业二字离我们还有些遥远，其实不然。从某种意义上来说，大学是职业探索中的一个重要发展阶段。学生在此阶段根据人生追求、职业兴趣和能力特长选择适合的专业，结合社会需要、职业要求、职业目标学习专业知识、培养专业素质与技能，并为最终走向社会、进行职业探索做前期的准备。因此，在大学时期了解职业意义对大学生来说无疑是极其重要的。

6.1.2 树立职业意识的意义

树立职业意识，对于大学生的职业社会化乃至终身发展都有着重要意义，具体表现在以下几个方面：

（1）及时和全方位地进行职业意识的引导有助于大学生培养职业兴趣和理想，从而助力职业选择的顺利进行。

（2）健康积极的职业意识有利于工作方式与生活方式的优化，工作和生活水平的提高有助于个人职业选择的顺利实现、职业生涯的顺利发展、个人事业的成功。绝大多数人的职业意识的形成不是一个主观的过程，还会受到家庭背景和时代的影响，最重要的是学校教育发挥的作用。

（3）合理恰当地对职业的期望有助于职业选择的成功，也有助于职业满意度的提高。

总之，职业意识是大学生学习的动力源之一，是贯彻"学以致用"理念的出发点，是职业生涯设计优化的心理前提。树立积极主动的职业意识有助于达到职业生涯设计的预期目标及目标的组合关系优化，有助于优化职业生涯设计的落实方式与速度。

6.1.3　职业意识的发展三阶段

阶段 1，树立职业理想和选定职业目标阶段。

阶段 2，为了实现理想而努力的实践阶段。

阶段 3，达到职业理想或实现结果阶段。

阶段 1 和阶段 2 对应了我们在大学学习的阶段。这一阶段是探求自己的爱好和职业方向，加强自己的职业素质和专业能力的培养，是确定职业目标并为实现职业目标而不断努力的阶段。有了前面的实践才会有后面的目标达成阶段，即阶段 3。当然这个过程中也会因为诸多因素的影响产生变化。

6.1.4　影响职业意识因素分析

1. 三大影响职业意识因素

影响职业意识发展的因素主要包括个人因素、环境因素和社会因素。

个人因素在人的职业生涯中起着基础作用，决定着人的发展方向和前景，其包含自身条件，如健康、性别、年龄、性格、兴趣、教育、自我价值观等要素；环境因素对个人的职业意识有着直接或间接的影响，它影响着人所从事的行业、人生的发展轨迹等，而环境又有着地理环境、行业环境、企业内部环境、家庭环境之分；社会因素对个人的职业意识有着重要的影响。影响职业生涯的社会因素包括社会观念、经济发展水平、社会文化环境、就业制度和氛围等。

2. 职业意识具体内涵

职业意识具体内涵包括以下几点：

第一，要培养创新意识。大学生将来不论从事何种职业，也不论走上哪个岗位，首要的一点，就是要有创新意识。培养创新意识才会使自己在未来的职业生涯中处于不败之地。

第二，要培养责任意识。首先，要负责。做人的准则是履行诺言，做事积极主动，不需要监督就能完成分配的工作。其次，避免以自我为中心。最后，不要推卸责任。成熟的第一步是勇于承担责任，犯了错误必须自己承担后果，不能推卸责任。

第三，培养团队精神。团队精神简单来说就是全局意识、协作精神和服务精神的集中体现。个人应把自己的命运与团队的前途联系在一起，愿意为团队的利益与目标尽心尽力、全力拼搏。做到与大家相互依存、同舟共济、荣辱与共、肝胆相照，容纳对方的独特性和差异性。以高度的责任感和使命感参与管理、共同决策、统一行动。

第四，培养专业精神。专业知识掌握的程度与职业理想的实现之间存在必然联系，我们只有在学校学好自己的专业知识，掌握专业技能，才有可能成就自己的职业理想，从而促进职业发展，迈向成功。

第五、培养服务意识。服务意识的基本内涵包括诚信、尊重、礼貌等。诚信是人际关系之本，也是我们所谈的服务之本；尊重是中国式待客之道的核心，只有尊重别人才能换来别人的尊重；礼貌是中国文化的重要组成部分，它的含义是言行文明、举止大方，能够给人带来美好的印象。

第六、培养市场意识。随着高新技术的出现和知识经济的发展，竞争将会更加激烈，市场机制会更加完善。这也要求我们加强市场意识的培养，提升自己的市场竞争力。

第七，培养战略意识。要认清社会发展的趋势，具有宏观视野和远大的战略目光，这也是未来的职业者应具有的职业意识。

6.2 认识自我与职业匹配

6.2.1 性格与职业

世间万物都具备自己的特征，人也不例外，姓名是人外显的标签，也是人与人认识的第一步。通过更深入地接触了解，才能逐渐把握彼此的爱好和性格特征，而性格是在长期的生活实践中形成的，具有比较稳定的特征。接下来便来了解一下性格与职业的关系。

性格是个性心理特征的核心，是个人在长期生活实践和环境因素作用下形成的比较稳定的心理特征。人的性格与对职业的适应性有着密切的联系。各种职业都需要有相应性格的人来工作，而某种性格的人也会有比较适应的某些职业。

因此，在职业选择前要先认识自我，这样做有利于正确认识自己的优缺点；有利于打造个人核心竞争力；有助于提升个人的进取心；有利于个人对自身命运的长远把握；有利于促进思想独立。

明白了认识自我的意义后还要知道认识自我的途径。比如自我反省、自我评价、他人评价、与他人比较、职业测评法等。

美国著名的职业生涯指导专家霍兰德认为个人的人格与工作环境之间的适配和对应是职业满意度、职业稳定性与职业成就的基础。因此在择业之前分析自己的性格、气质就显得尤为重要。一个人的性格和气质对所从事的工作有一定的影响，如果能从事与自己的性格、气质相符的工作就更容易发挥能力出成绩，反之可能导致原有才能的浪费，或者必须付出更大的努力才能成功。

　　下面将具体介绍性格类型的相关理论。首先是荣格的人格类型理论，在他的理论中，有两种基本的心理态度：内倾与外倾。前者向内思索，思考自身；后者向外探求，靠近客观世界。荣格后又提出了用 4 种心理功能作为标准，采取感觉／直觉（非理性功能）和思维／情感（理性功能）两个维度的划分方法，将个体进一步划分为不同的 8 种类型。其次是 MBTI（迈尔斯·布里格斯类型指标）的性格类型理论。MBTI 性格类型理论对性格类型维度进行解析，按照不同的性格偏好把人分成了外向型、内向型、感觉型、直觉型、思维型、情感型、判断型、知觉型，并通过不同类型的组合把人的性格细分成了 16 种类型。

　　可以借助一些测试来认识自己的性格。

　　〖测试说明〗

　　阅读下面 4 个表中的每一对描述，选择其中在大多数情况下符合你的那一个描述。注意：你需要设想为自然状态下的自己，或你在没有别人观察的情况下的举止。

表 1

E	I
喜欢行动和多样性	喜欢安静和思考问题
喜欢通过讨论来思考问题	喜欢在讨论之前先进行思考
采取行动迅速，有时不做过多的思考	在没有搞明白之前，不会很快地去做一件事
喜欢观察别人是如何做事的，喜欢看到工作的结果	喜欢理解这项工作的道理，喜欢一个人或很少的几个人一起做事
很注意别人是怎么看自己的	为自己设定标准

　　关于情感和内心的描述，E 代表外向开放，I 代表内向内敛。

表 2

S	N
主要通过过去的经验来处理信息	通过分析，用逻辑思维去处理信息之间的关系
愿意用眼睛、耳朵和其他感官去观察、感受事物	喜欢用想象去发现新的做事方法和新的可能性
讨厌出现新问题，除非存在标准的解决方法	喜欢解决新问题，讨厌重复地做一件事
喜欢用已会的技能去做事，而不愿意学习新知识	相比练习旧技能，更愿意运用新技能
对于细节很有耐心，但当出现复杂情况时则开始失去耐心	对细节没有耐心，但不在乎复杂的情况

处理信息方式的描述，S 代表感觉，N 代表直觉。

表 3

T	F
喜欢根据逻辑做出决策	喜欢根据个人感受和价值观做决策，即使它们可能不符合逻辑
愿意被公平、公正地对待	喜欢被表扬，喜欢讨好他人，即使在不太重要的事上也是如此
可能会不知不觉地伤害别人的感情	了解和懂得别人的感受
更关注道理或事情本身，而非人际关系	能够预计到别人会如何感受
不需要和谐的氛围	不愿看到争论和冲突，珍视和谐的氛围

关于做出决定的方式的描述，T 代表思维判断，F 代表情感判断。

表 4

J	P
喜欢预先制订计划，提前把事情落实下来	喜欢保持灵活性，避免做出固定计划
总让事情按"它应该的样子"进行	轻松地应付计划与意料外的突发事件
喜欢先完成一件工作后，再开始另一件	喜欢开始大量的工作，但是总不能完成它们
对人和事的处置很果断	在处理人和事时，愿意先收集较多的信息
可能过快地做出决定	可能做决定太慢
在形成看法和做决策时，务求正确	在形成看法和做决策时，务求不漏掉任何因素
按照不轻易改变的标准和日程表生活	根据问题的出现不断改变计划

关于日常生活行动方式的描述，J 代表判断，P 代表知觉。

综合前面 4 个部分，把更接近自身特点的字母代号选出来，然后参照 16 种性格类型及其适应的职业特点与职业领域进行分析，即可了解自己的性格及适合的职业。虽然人的性格是各种特征的混合体，但自然倾向的分析，对同学们的职业决策也有一定的参考价值。

我们研究性格的基本内涵，分析个体性格的基本特征，测试自己的性格类型，就是要了解它与职业之间的联系，把握它与职业是否"相匹配"。从职业的角度看，由于不同职业本身具有不同的特点，因而对从业人员的性格特点也会提出不同的要求。比如营销、贸易、涉外工作等一般需要从业人员具有开朗、活泼、热情的性格；而会计、记录员、预算分析师等工作往往要求从业人员具有深沉、严谨、细致的性格。

霍兰德认为职业选择是一个人性格的延伸。个人的性格与职业之间的适配是职业稳定性、职业满意度与职业成就的基础。在职业发展的过程中，能力和相关资质固然重要，但是充分了解自己性格中的优势和劣势，明确自己在职业发展过程中的重点发展方向和发展方法也同样不容忽视。大学生应根据自身性格特点去选择职业发展方向，一方面选择更适合发挥自己性格特长的职业；另一方面在后天职业环境中培养和锻炼自己的性格，使之适应更广阔的职业领域，确保职业可持续发展。

当然，现实生活中，个人或社会环境因素都会对性格与职业匹配造成一定的影响。比如，①大学生对自己性格的类型了解不充分，没有挖掘自身的潜力，对目标职业对个人性格的需求认识模糊，从而无法选择合适的职业。②知识、能力和学历水平的限制导致个人无法根据自己的性格选择合适的职业。③家族职业环境、就业观念，或亲朋好友的观点建议对于大学生的择业有重要的影响。④迫于生存和自身发展的需要，大学生在择业时会考虑薪酬、福利、工作环境等因素，从而忽视性格是否与职业相匹配。⑤社会舆论导向左右个人的择业观念，许多大学生不顾自身的性格与职业的匹配，一味地选择从事热门行业。

性格这一单一因素并不能决定个人的职业，但在择业时考量自己的性格与所选择的工作之间的匹配度是十分重要的。大学生在现实中，关键在于发挥自己的性格优势，找准适合自己性格的职业。若自己的性格与某项职业不能较好地匹配，也可以根据自己的职业方向来培养并发展相适应的职业性格。

6.2.2 能力与职业

能力与职业的关系，按倾向性划分，能力分为一般能力和特殊能力。一般能力指在不同种类的活动中表现出来的基本能力，它是有效掌握知识和顺利完成活动所必需的心理条件，能保证人们有效地认识世界，又称为智力。特殊能力又称专门能力，它是顺利完成某种专业活动所必备的能力。如计算能力、音乐能力、绘画能力、教学能力、空间判断能力、运动协调能力等。按获得方式划分，分为能力倾向和技能。能力倾向是每个人被先天赋予的特殊才能，如音乐、运动能力等。能力倾向是与生俱来的，不过也有可能因未开发而荒废，其既有遗传方面的特征，但同时也有经过后天训练后发展的可能性。技能是经过后天学习和练习培养而形成的能力，通常表现为某种动作系统和动作方式。如阅读能力、人际交往能力、沟通能力、操作能力等。按创造性大小划分，分为模仿能力和创造能力。模仿能力是指效仿他人的言行举止而做出与之相类似的行为活动的能力。模仿是人们彼此之间相互影响的重要方式，是实现个体行为社会化的基本历程之一。创造能力是指在创造活动中产生新思想，发现和创造新事物的能力。如作家、科学家、教育家的活动经常表现出创造能力。按认知对象的维度划分，分为认知能力、元认知能力、操作能力和社交能力。认知能力是指个体接受信息、加工信息和运用信息的能力。元认知能力是个体对自己的认识过程进行认知和调控的能力。操作能力是指人操纵、制作和运动的能力。社交能力是个体参加社会群体生活，与周围人们相互交往、保持协调所不可缺少的心理条件。

能力是职业素质最关键的组成部分，也是从事职业活动和推动职业发展的核心要素之一。能力与职业发展和职业创造关系密切。顺利完成各项工作内容，不是单一的能力所能达到的，常常需要几种相关能力配合才能保证工作的顺利开展。

就个人角度而言，每个人都具有一个由多种能力组成的能力系统，且在这个能力系统中，各方面能力的发展并不平衡，常常是某方面能力占优势，而另一些能力则不太突出。因此，大学生要准确定位自己的优势能力。优势能力在相当大的程度上决定着其所从事的职业类型。如果自身不具备这个职业所要求的能力，即使再勤勉努力可能也收效甚微。

下面简要介绍几种常见能力与职业的联系。

语言表达能力、书写能力、观察能力、数理能力、社交能力、操作能力、组织管理能力、思维能力、运动协调能力、空间判断能力。这些能力被作为通识能力运用在职业中，运用范围较广，对形成良好的职业效果帮助较大。但是在实际学习中很多人会忽略部分能力的培养，比如语言表达能力、数理能力、组织管理能力、运动协调能力、空间判断能力等，认为学好专业知识就可以了，这种想法是片面的，因为社会、行业和企业对人才的能力需求是多元化的，是综合性的、是跨界和各项能力整合的。

通过学习，可以对自己所具备的能力进行理性分析和梳理，挖掘优势能力，找到短板，并针对性地制订个人能力培养提升计划，加强对各项能力的培养，以适应未来社会日新月异的变化。

6.2.3 价值观与职业

习近平总书记曾这样寄语青年："青年的价值取向决定了未来整个社会的价值取向，而青年又处在价值观形成和确立的时期，抓好这一时期的价值观养成十分重要。这就像穿衣服扣扣子一样，如果第一粒扣子扣错了，剩余的扣子都会扣错。人生的扣子从一开始就要扣好。""凿井者，起于三寸之坎，以就万仞之深。"

那么价值观与职业的选择之间又有什么样的关联呢?

首先价值观是基于个体思维和感受做出的评价、判断、理解或选择,主要以潜在的方式对我们的思想和行为进行主导和影响。价值观具体表现为对事物的看法、对是非的判别和对利益与道德的取舍等方面。价值观在职业选择上的体现被称为职业价值观,在考虑对职业的认识、职业目标的追求与向往、乐趣、收入和工作环境等问题时,对这些职业因素的判断和取舍,便是职业价值观的具体表现。职业价值观是指人生目标和人生态度在职业选择方面的具体表现,也就是一个人对职业的认识和态度以及他对职业目标的追求和向往。俗话说,"人各有志"。这个"志"表现在职业选择上就是职业价值观,它是一种具有明确的目的性、自觉性和坚定性的职业选择的态度和行为,对一个人职业目标和择业动机起着决定性的作用。

研究表明,有 40% 的价值观是由遗传得来的,其他部分是受环境影响后天形成的。影响因素主要包括民族文化、父母行为、教师教导、朋友影响和社会环境等。价值观一旦形成便是相对持久且稳定的,并会在人的行为中表现出来,推动人做出与价值观相符的行为,甚至突出表现为一定的行为模式。

职业研究机构和职业专家通过调查对职业价值观进行了详细的研究,美国心理学家洛特克在其所著《人类价值观的本质》一书中,提出 13 种价值观:成就感、审美追求、挑战、健康、收入与财富、独立性、爱、家庭与人际关系、道德感、欢乐、权利、安全感、自我成长和社会交往。我国学者阚雅玲将职业价值观分为以下 12 类:

(1)收入与财富:工作能够明显有效地改变自己的财务状况,将薪酬作为选择工作的重要依据。工作的目的或动力主要来源于对收入和财富的追求,并以此改善生活质量,显示自己的身份和地位。

(2)兴趣特长:以自己的兴趣和特长作为选择职业最重要的因素,能够扬长避短、趋利避害、择我所爱、爱我所选,可以从工作中得到乐趣、得到成就感。在很多时候,会拒绝做自己不喜欢或不擅长的工作。

(3)权力地位:有较高的权力欲望,希望能够影响或控制他人,使他人照着自己的意思去行动;认为有较高的权力地位会受到他人尊重,从中可以得到较强的成就感、满足感。

(4)自由独立:在工作中能有弹性工作时间,不想受太多的约束,可以充分掌握自己的时间和行动,自由度高,不想与太多人发生工作关系,既不想制人也不想受制于人。

(5)自我成长:工作能够给予受培训和锻炼的机会,使自己的经验与阅历能够在一定的时间内得以丰富和提高。

（6）自我实现：工作能够提供平台和机会，使自己的专业和能力得以全面运用和施展，实现自身价值。

（7）人际关系：将工作单位的人际关系看得非常重要，渴望能够在一个和谐、友好甚至被关爱的环境工作。

（8）身心健康：工作能够免于危险、过度劳累，免于焦虑、紧张和恐惧，使自己的身心健康不受影响。

（9）环境因素：工作环境舒适宜人。

（10）工作稳定：工作相对稳定，不必担心经常出现裁员和辞退现象，免于经常奔波找工作。

（11）社会需要：能够根据组织和社会的需要响应某一号召，为集体和社会做出贡献。

（12）追求新意：希望工作的内容经常变换，使工作和生活显得丰富多彩，不单调枯燥。

对自己的价值观，特别是职业价值观进行分析时，可以参照学者们所提出的价值观类型，看自己到底属于哪一种。当然在生活中，价值观与现实往往会产生冲突。职业难以满足个体所有的职业价值观。比如，大学生可能既有"高收入"的价值诉求，又有"舒适悠闲"的价值诉求，显然同一个职业很难满足这两个要求。只有弄清各个价值诉求的主次，才能有效地帮助我们进行职业决择。从本质上讲，价值观用于解决"为什么活着"这样的终极命题，涉及人的理想和追求。可在现实中，并不是所有的理想都能够实现。因为在现实生活环境中，个体除了要遵从价值观外，还需要承担各种责任，如对家人与社会的责任。这种时候大学生只能暂时放下理想，将它延后实现。

一个人的价值观在选择职业时起着重要的作用，只有客观地认识它，才能在就业时做出合理的选择。因此，我们应该树立积极的职业价值观，提前规划自己的职业目标，目标不仅包含实现自我价值，而且要把个人价值的实现融入到社会中，将国家富强、民族复兴和人民幸福作为自己的职业理想或价值追求。

6.3 专业与职业

一般情况下，学业规划应该建立在职业和专业之间的关系之上。有人说，专业决定了职业；又有人说，专业与职业没有多少联系，你看现在成功的人有多少从事的是自己原来所学的专业？其实，这只能说明人们对二者关系认识上的片面与肤浅，职业与专业之间不是前者所说的一一对应的关系，当然也不是后者所说的一点关系也没有。学习中文的依然可以成为记者和专业人员，学习新闻也可以成为高校教师或者公务员。的确，许多成功者现在所从事的职业并不是原来所学的专业，但很多成功者毕业后从事的第一份正式职业对他的职业生涯都起到了重要作用。学以致用是最符合经济效益和符合个人发展的原则之一。因此，从事的第一份正式职业如果能运用在校所学的专业，对提高个人发展将有着非常重要的战略意义。在社会分工越来越细，各行各业所需要的知识和技能越来越专业的时候，要在非本专业上承担起相应的工作，需要花费很大的代价（时间、精力、金钱）。所以，求学之前要认真选择专业，争取让自己的专业和毕业后所从事的职业联系起来，尽量避免走弯路。

专业和职业之间呈现一种复杂的关联性。专业是高等学校根据社会分工需求和学科体系的内在逻辑划分的学科门类。教育部根据学科设置专业，强调人才的适应性。而现代高校则按照专业设置组织教学，进行专业训练，以培养专门人才。专业作为学科和职业之间的桥梁，基于学科进行划分，与一定的职业群相对应。同时专业也是职业发展的基础，它为相近的职业群提供必要的基础知识和基本技能。

如果说，职业理想和就业目标是目的地，那么专业选择就是前往目的地的路线。我们知道不同的职业需要不同的知识、技能及身体条件，而不同的知识和技能则是专业学习的主要内容。从经济和效率的角度来看，我们所选择的专业理应与职业目标所需要的知识和技能相匹配。然而从专业与职业的关系来讲，它们之间的关系可以概括为三种：一对一、一对多、多对一的关系。比如数控机床专业学生毕业后最适合的是在企业中做数控机床的操作与维护人员，最后发展成为高级技师。烹饪专业学生毕业后最适合的是成为一名厨师。同时又有些专业其职业方向比较宽泛，比如经济学专业毕业的学生可以从事企业管理、经济学研究、新闻记者、策划营销、经济分析、高校教师等多种职业；而对于某一职业比如新闻记者，可以接收经济学、新闻、中文、哲学、历史等许多专业的学生，那么我们在进行学业规划的时候，首先就要研究和分析专业与职业的相关性。

除了要了解自己所学的专业，了解专业人才培养规格，了解与专业相关的职业岗位，还要了解专业与个人职业发展方向之间的关系。首先要确定自己的职业发展方向，也就是职业定位，然后再考虑与专业的关系，要根据对自身性格、兴趣、爱好、能力、知识、职业倾向等的认识和了解，明确自己首选的职业与专业的关系属于哪一种类型。职业发展需要的知识和技能很多，各专业的人才培养规格和学科特征提供了一系列的知识和技能组合。大学生应该明确自身通过专业学习所获得的知识和技能中哪些对职业发展有用，哪些用处较小；

除专业学习获得的知识和技能之外，也要主动补充对于个人的职业发展有益的知识和技能。

大学课堂的教学安排和教学特点，与中学比较起来有很大的不同，刚入学的学生必须尽快了解专业特点，然后要清楚地认识到大学课堂的教学特点并找到适合自己的学习方法和学习对策。具体来说有以下几方面：

（1）正确对待专业学习，树立良好的专业态度。"进对了大门走错了小门"，有的学生因对自己的专业不感兴趣而荒废学习，这种想法对大学生学习有很大的危害。对专业学习的意义，大学生要有正确的认识。专业学习的过程是大学生培养学习能力和思维能力的过程，通过专业学习，大学生可培养各方面的综合素质，这个比掌握专业知识本身更重要。以"不喜欢所学专业"或者"以后肯定不会从事这个专业的工作"等为理由不好好学习的思想都是万万要不得的，荒废学习会造成以后无法适应当今社会的需要。

（2）要适应教学安排。大学课堂的教学特点主要表现在以下几个方面，大学生要熟悉和掌握这些特点。大学的课时数明显减少，课程进度明显加快；老师对教材的讲解减少，授课老师对学生平时学习监督或者督促较少；大学课堂教学的组织与中学不同，不同课程上课教室不同、座位不同，有的课程单独班级上课，有的课程合班上课；大学所学课程较多；老师对教材的讲解提纲挈领，只作重点讲授；学生的参与性增强，互动教学成为必需。

（3）提早动手，养成自主学习的习惯。大学的学习，对专业的学习固然很重要，对以后也有很大的帮助，但是，学会学习，学会生活，学会创新更重要，这些更应该作为大学生的追求目标。每一位大学生起步都是一样的，关键在于谁觉醒早、起步早。动手越早，会学得越好。学习环境的改变，需要大学生尽快适应新的环境、养成新的学习习惯、学会学习。进入大学肯定会产生很多想法和宏伟的目标。只有处理好职业和专业的关系，才能尽快进入自己的角色，找到属于自己的学习方法，学好专业课程，掌握专业技能，为自己的职业生涯发展打下一个坚实的基础。

6.4　树立正确的就业观

树立科学的就业观是未雨绸缪。有以下几点好处：一是了解社会现实，清晰自身状况，增强忧患意识，摆脱迷茫现状；二是促使自己明确奋斗目标，确立前进方向，制订可行计划，提高自身修养；三是了解用人单位招聘人才的标准，努力向标准看齐；四是有利于养成吃苦耐劳、踏实肯干、乐于奉献的高尚品德。

就业观作为大学生世界观、人生观和价值观在就业上的具体反映，是大学生关于就业理想、动机、标准和方向的根本观念与基本看法。它既是个人就业选择的理想意图与思想动机，也是就业行动的理想力量与意志根源，集中地体现了个人面对就业所持有的价值期待、价值认同和价值取向。就业观是大学生择业行为和就业实践中所体现出的认知、态度和观念，就像一只"看不见的手"，影响着大学生的就业前景与人生发展，在择业过程中起着基础性和全面性的作用。

就业观对个人就业选择和成长成才有着重要影响。特别是在社会经济发展变化的转型期，科学理性的就业观能够有效缓解当前较为突出的就业结构性矛盾。大学生在新的历史条件下树立科学的就业观，对于拓宽奋斗领域、实现自我价值、促进社会发展都具有积极意义。同时，新时代大学生就业观反映了社会的价值理想、价值规范和价值导向与个人的价值期待、价值认同和价值取向间的矛盾。这是新时代社会意识形态的集中反映，更是激励新时代大学生选择正确的人生道路和实现人生价值的精神动力。树立彰显新时代内涵的科学理性就业观，对大学生尤为重要，正如习近平所强调，"青年一代有理想、有本领、有担当，国家就有前途，民族就有希望"。

大学生就业观的基本内涵。大学生就业观体现了其对就业的期待、向往和憧憬，既源于就业现实，又源于个体对就业的理解，进而构成了每个人的就业理想。大学生就业观是大学生对"为什么就业""就什么业""怎么就业"等有关就业认知、就业价值、就业实践诸方面问题的根本看法和态度，是大学生世界观、人生观和价值观的重要组成部分和在就业问题上的集中体现，决定了大学生就业实践的目标、就业道路的方向和对待就业的态度。其基本内涵是回答三个问题：①"关于就业我已经了解什么"；②"对于就业我有什么样的期待"；③"面对就业我应该如何行动"。

当代大学生就业观存在的问题主要集中在以下五个方面：

（1）功利性太强。很多大学生对自己的能力定位不准确，将就业期望值定得过高，难以实现，导致心理压力增大。

（2）就业盲目。改革开放以来，我国社会经济快速发展，就业形式和类型呈现多元化的特征，且就业形势愈发严峻。对即将走出校门的大学生来说，他们往往缺乏对事物深层次的理解和独立的判断能力，难以准确看清复杂多变的就业形势，常常是人云亦云，盲目跟风，对自己认识不清。

（3）缺乏责任意识。当前的大学生大都是在优越的条件背景下学习成长的，这导致他们缺乏必要的忧患意识和社会责任意识。一些大学生在择业时，过于看重个人得失，不能将个人就业和国家与社会的发展现状结合起来。比如近年来，我国的"西部计划""三支一扶"等项目，均为人才提供了诸多优惠条件，却鲜有大学生问津，这也从侧面反映出当代大学生缺乏社会主人翁意识。

（4）对家庭的依赖过大。部分大学生缺乏独立的思考能力，事事都依赖家庭，对就业这样的大问题，往往缺乏主见，优柔寡断，导致错过很多就业机会，最终影响了自身发展。

（5）存在抵触心理。一些大学生看到别的同学能力出众，且有家庭背景，于是自己在面临就业时会心生自卑，若是在择业过程中再遇到打击，便会对就业产生抵触心理。

马克思认为，最能为人类幸福而工作的标准就是"选择一种使我们获得最高尊严的职业，一种建立在我们深信其正确的思想上的职业，一种能给我们提供最广阔的场所来为人类工作，并使我们自己不断接近共同目标即臻于完美境界的职业。"这既展现了青年马克思远大的志向，也为大学生的就业选择提出了"最有尊严""深信其正确"和"臻于完美境界"三个价值标准。就业不能仅凭偶然机会和假象来决定。当面对功利诱惑时，大学生要明白最合乎尊严要求的职业并不总是最高的职业，但往往是最可取的职业，有尊严的职业并不总意味着工资高或发展前景好；当权衡名利得失时，大学生要懂得名利容易使人产生欲念与幻想。只有重视作为我们职业基础的思想，才能通过冷静的思考区分就业究竟是兴趣所在和价值所往，还是短暂的热情而已；当个人利益与社会利益有冲突时，大学生要坚持个人价值和社会价值相统一、个体幸福和共同幸福相结合。正如马克思所说："人只有为同时代人的完美、为他们的幸福而工作，自己才能达到完美。如果一个人只为自己劳动，他也许能够成为著名的学者、伟大的哲人、卓越的诗人，然而他永远不能成为完美的、真正伟大的人物"。

具体而言，大学生要树立正确的就业观要做到以下几点：

（1）认清就业形势，把握就业机会。要经常关注国家政策和方针，及时了解产业和行业的发展，做好自己的职业规划。

（2）找准自己的位置。大学生首先要正确认识当前的就业形势和人才市场发展的基本规律；其次是要全面深入地评价自己的现实条件和综合素质确定自己的职业趋向和职业价值；三是探索自己的职业理想和社会需求结合的环节与策略，切实实现个人价值和社会需要的高度统一。

（3）提高个人素质，增强就业竞争力。随着社会就业竞争压力的日益加剧，就业的"门槛"越来越高。面对这种形势大学生应充分认识知识结构在求职择业中的作用，根据现代社会的发展需要，塑造并发展自己，建立合理的知识结构。同时多参加校内外社会实践、大学生创业活动或比赛，提高自己的综合素质，培育自己的就业优势。

（4）提高社会适应力。大学生通过参加假期专业实践活动，进一步了解市场需求，努力适应用人单位的需要，提高社会适应力。要克服怨天尤人的挫折心理，要敢于向挫折挑战，知难而进，百折不挠，这样才能创造出美好的新生活。

总之，大学生的就业观对于自身长远发展将产生决定性的影响。正确的就业观不仅是国家提倡和鼓励的，对于学生来说，拥有正确的就业观，从而培育良好积极的心态，在面对人生抉择和职业发展时，能够将个人的成长进步融入社会发展，创造更多的价值。

6.5　就业技巧

良好的就业技巧能帮助学生找到适合自己并且满意的工作，在遇到合适的工作时抓住机遇。接下来介绍毕业生求职就业应掌握的一些技巧。

6.5.1　学会收集信息

就业信息对毕业生确定择业去向和选择工作单位至关重要。可以说，信息是择业的基础，也是通往用人单位的桥梁。一个人拥有信息量的多少往往成为决定其就业成功与否的关键。一条有用的就业信息就是一个就业机遇。因此谁收集的就业信息越多，谁的择业的机会就越大，谁就更能主动地把握自己的命运。

获取信息的途径有：社会关系、学校就业机构、就业市场和招聘会、各类网络媒介平台、社会实践以及主动联系用人单位。

6.5.2　学会撰写简历

简历建议用比较简洁的模板。对于投递的不同岗位，需要对简历进行调整，最忌讳的就是一套简历投递所有的岗位。制作简历一定要"简"，突出个人优势，"秀"出亮点，内容又要真实可信。简历一定要精雕细琢、条理清晰、布局合理、主次分明。

应届毕业生因为没有工作经历，因此在制作简历时，尤其要注意以下几点：

（1）填写专业培养方向可适度结合企业要求，有的放矢。

（2）填写组织或参加过的学术活动或社会活动时，一定要写清楚做了什么，有什么收获。

（3）填写实习经历时，不需在简历中过多描述所学专业、课程、学习成绩等方面，而应将重点放在个人实习经历。企业更注重的是你的"经验"，他们需要一个可以马上做事的人，而不是一个只有好成绩的人。大学这几年，如果能够积累一定的实习经历，那么在简历上相比于同龄人在同一岗位上的竞争是有优势的。

（4）填写个人评价时，重点可用三个词概括：职业定位、优势介绍、自我推荐。个人评价一定要针对企业招聘需求，展示个人特点，客观评价自己具备什么能力，能胜任什么样的工作。不要谦虚地自称是"白纸"一张，但也不宜过分夸大。

（5）附上照片。想让企业在最后甄选时能想起你，就不能忽视照片的作用。照片就是你的名片，所以照片上的形象一定要精神，不宜选用大半身或全身生活照，也不要使用复印照片，这会让人因为照片不清晰而看不清模样。

（6）突出联系方式，简历上的个人联系电话要适当加粗，如果有邮箱也要留下。企业在招聘时，常常发生因联系不到应聘者而放弃面试的情况。在简历投递后最好也主动电话跟踪，只投简历不管结果，只能说明不重视求职。被动等待是不自信的表现，只有主动出击，才有成功的可能。

6.5.3 学会应对面试

面试是一个双向互动的过程，实质上就是面试官与求职者进行信息交流从而获得全面评价的过程，形式上体现为"听"与"说"的互动。要记住说话人讲话的内容重点，并了解说话人的意图所在。在聆听对方说话时，要自然地流露出敬意，这才是有教养和懂礼仪的表现。聆听是尊重对方的表现，无论在何种场合，尊重他人才能得到他人的尊重，因此面试时尊重就更为重要。掌握面试技巧，给面试官留下一个好印象需要注意以下细节：

（1）着装要干净整洁。面试不是时装秀，不需要标新立异或是浓妆艳抹，重要的是要表现出精神风貌。

（2）作为一个年轻人，应该精神焕发，无论参加面试还是招聘会，都应保证充足的睡眠，不要带着倦容。面试时绝对不能打哈欠，这是对面试官的不尊重。

（3）在面试交流时，避免一些细微的小动作，例如抖脚或不停地摸头发，这些小细节都会给面试官留下不太好的印象。

（4）在结束面试时，适时对面试官表示感谢，微笑道再见。

6.5.4 掌握专业技术能力和素养

如果求职者的专业能力和素养较高的话，在就业时无疑会更具竞争力。以产品设计行业专业能力和素养要求为例，专业能力和素养包含以下方面：

1. 造型表现能力

首先，设计草图是表达设计构思和与人交流最直接、方便的手段，快速、准确、流畅地绘画草图是一名设计师应掌握的基本专业技能。

其次，要有良好的模型制作动手能力。模型是展开和完善设计的有效工具，设计师应能熟练运用各种常用材料进行模型制作，并且对快速成型知识有一定的了解和掌握。

最后，设计师应掌握相关计算机绘图软件的操作。如 CORELDRAW、PHOTOSHOP、RHINO、ALIAS 等。计算机绘图软件更新迅速，设计师没有必要也没有精力去掌握每一门绘图软件，但至少要精通一至二门，并且能迅速熟悉和运用相关设计软件的基本操作。

2. 表达能力和沟通能力

表达和沟通能力在当今这个社会显得尤为重要，是传达设计思想与设计意图，影响设计能否得到客户认可的关键因素。

3. 审美能力

设计师对美的形式要非常敏感，具备良好的鉴赏力和评判力。

4. 设计理论知识

设计理论知识的重要性在于，它可以给设计师提供解决一些设计问题的思考方式、设计问题的选取标准以及设计问题的解决路径，培养设计师的设计思维。设计理论知识包括设计史、市场学、心理学、社会学、人机工程学、哲学与美学等。

5. 设计管理能力

一个产品从企划、设计、生产到投放市场，这中间涉及许多部门和人员，如工业设计部门、市场部门、工程技术部门等，如何协调好它们之间的关系，使产品能顺利达到预定的设计目标是设计管理要做的事情。因此设计师必须具备一定的设计管理能力。

6. 综合创造能力

设计师应善于观察生活，从中洞察社会问题，并对影响人们生活方式的因素有独到的见解。

7. 有良好的职业道德和敬业精神。

各专业学生想要了解本专业精准的行业能力要求，可以去各大求职平台看企业发布的最新的招聘简章。

有位资深人力资源专家曾说过："你不是一匹千里马，至少现在不是。你唯一能做的就是成为一匹黑马，一匹油光发亮的黑马，让买马的相中你，而不是等伯乐来相中你。"

【拓展小课堂】

访谈行业专家

今天我们的拓展小课堂有幸请到了行业大咖，资深品牌创作人、重庆市创意设计家协会副主席刘迎春。

戴老师：刘总，您好！首先感谢您光临我们的小课堂。今天我们想和您聊一聊有关数字创意设计学科学生的职业发展的话题。请刘总为我们的大学生提供一些学习的建议。

刘总：谢谢，戴老师！非常高兴今天能和戴老师一起聊聊，数字创意是当下最有热度的话题之一，希望能给到同学们一些提示和启发。

问题一：

戴老师：数字创意产业作为新兴产业之一，在地方经济中发挥着重要的作用，您认为重庆的数字创意产业发展前景如何？

刘总：我们当下所处的时代已然进入了数字时代，创意更将越来越成为整个时代和社会发展的核心创造力。因此，在我们这个领域，已进入了数字创意的新兴时代。就目前的表现看，社会文化场景、生活生产行为、消费社交领域等均在享用着数字创意的成果，并越来越成熟与深入。而数字创意的核心是依托数字化或计算技术，为创意的实现带来无限的可能，在这里面，数字是核心生产力，创意是核心创造力，共同构建成未来世界可能的主要社会模式与经济形态。

问题二：

戴老师：作为资深设计师，您认为学生在设计中应该如何协调国际化和本土化？如何树立起基于文化自信的设计自信？

刘总：数字创意产业的发展，已经使世界进行全面的开放和融合，当代大众的生存生活环境已经处于国际化的场景，国际化是通识与常态情景；而本土化的挖掘和重塑将会形成差异化与竞争力，尊重本土文化，充分地去感知和理解本土文化，并以此创造出新的文化生态，便是文化自信与设计自信的重要形式，并释放新的价值与势能。

因此,在未来环境中,国际化与本土化是共生共荣,相互促进与催生的过程。

问题三:

戴老师:您觉得现在的大学生在职业发展中存在的最大问题是什么?如何解决?

刘总:自我模糊可能是很多同学存在的问题,不知道自己处在什么样的环境?不知道现在学这些有什么用?不知道未来自己要干什么?与周遭环境的意识失联,没有目标与规划,自立性成为大家的短板,这个自立性的表现在于独立思考与判断的能力,与充分表达自我的能力。所以,同学们更应该学会思想的"断奶"和主张的表达,从思维层面尽可能保持自立。

问题四:

戴老师:作为前辈,请您对刚入学的大学生提一些学习的建议?

刘总:尝试清晰自己的"三观",为自己设定目标;锻炼自己接触世界的能力,尝试为自己做出定位与规划。通过对自己的认知,来平衡学习中技术与思维的权重与关系,寻找真正适合自己的发展路径。数字创意产业是当下的热点与未来的大势,但核心都是服务于人,人是这个世界的核心,我们研究任何事物的原点皆是基于对人的研究,而对人的新需求与新的行为逻辑的设计,便是创造力的动能,所以,好好做自己,好好对他人,将是我们最好的开始。